Archives of Animal Nutrition

Archiv für Tierernährung

VOLUME 37 · MAY 1987 · NUMBER 5

FOUNDED BY ERNST MANGOLD
EDITED BY HANS BERGNER

AKADEMIE-VERLAG BERLIN

ISSN 0003-942X Arch. Anim. Nutr., Berlin 37 (1987) 5, 387–466

Archives of Animal Nutrition covers the following topics: Biochemical and physiological foundations of animal nutrition with emphasis laid on the following aspects: Protein metabolism, metabolism of non-protein-nitrogen compounds, energy transformation, mineral metabolism, vitamin metabolism, nutritional effects and performance criteria, furthermore: practical animal feeding, feedstuff theory, feedstuff preservation and feedstuff processing.

We accept for publication:

Original manuscript not yet published in other journals and not intended for publication in other journals in the same form. Their length should not exceed 12 printed pages.

Manuscripts are to be sent to Prof. HANS BERGNER, Wissenschaftsbereich Tierernährung der Sektion Tierproduktion und Veterinärmedizin, Humboldt-Universität zu Berlin, Invalidenstr. 42, DDR - 1040 Berlin. We request the authors to submit their manuscripts typed double-spaced and ready for print. The institution which the paper originates will be mentioned together with the author's name in the title of the paper.

The author is requested to discuss and summarize the results of his work at the end of the manuscript.

Author's names in the manuscript are to be underlined with a red wavy line. We request you to underline italics with a black or blue wavy line. Small print is to be indicated by a black or blue vertical line on the margin. Bibliographic data in the text are given with the name of the author and the year of publication, in case of several publications in one year, a, b, c etc. are added according to the sequence of the publications in the bibliography, e.g. MEYER (1985a). In the bibliography the papers are arranged alphabetically according to the name of the first author and quoted as follows: surname, first name, journal, volume, page and year.

Illustrations have to be restricted to the necessary minimum and to be enclosed separately. Indicative lines, letters etc. are to be entered in pencil. For photographes, a cover sheet should be used for this. The captions of the illustrations are to be listed on an extra sheet.

The authors receive 50 special prints of their contributions free of charge.

Terms of Subscription

Orders for the journal "Archives of Animal Nutrition" can be sent

- *in the GDR:* to the Postzeitungsvertrieb or to the Akademie-Verlag Berlin, Leipziger Str. 3–4, DDR - 1086 Berlin;
- *in the other socialist countries:* to a book-shop for foreign language literature or to the competent news-distributing agency;
- *in the FRG and Berlin (West):* to a book-shop or to the wholesale distribution agency Kunst und Wissen, Erich Bieber OHG, Wilhelmstr. 4–6, D - 7000 Stuttgart 1;
- *in the other Western European countries:* to Kunst und Wissen, Erich Bieber GmbH, General Wille-Str. 4, Ch - 8002 Zürich;
- *in other countries:* to the international book- and journal-selling trade, to Buchexport, Volkseigener Außenhandelsbetrieb der DDR, Postfach 160, DDR - 7010, Leipzig, or to the Akademie-Verlag Berlin, Leipziger Str. 3–4, DDR - 1086 Berlin,

Zeitschrift „Archives of Animal Nutrition"

Herausgeber: Im Auftrag des Akademie-Verlages Berlin herausgegeben von Prof. Dr. Hans Bergner.

Verlag: Akademie-Verlag Berlin, Postfach 1233, Leipziger Str. 3–4, DDR - 1086 Berlin.

Fernruf: 2236201 oder 2236229, Telex-Nr.: 114420.
Bank: Staatsbank der DDR, Berlin, Kto.-Nr.: 6836-36-20712.
Chefredakteur: Prof. Dr. sc. Hans Bergner.

Anschrift der Redaktion: Humboldt-Universität zu Berlin, Invalidenstr. 42, DDR - 1040, Berlin.

Veröffentlicht unter der Lizenznummer 1274 des Presseamtes beim Vorsitzenden des Ministerrates der Deutschen Demokratischen Republik.

Gesamtherstellung: VEB Druckerei »Gottfried Wilhelm Leibniz«, DDR - 4450, Gräfenhainichen.

Erscheinungsweise: Archives of Animal Nutrition erscheint jährlich in einem Band mit zwölf Heften.

Bezugspreis je Band 360,– DM zuzüglich Versandspesen; Preis je Heft 30,– DM.

Der gültige Jahresbezugspreis für die DDR ist der Postzeitungsliste zu entnehmen.

Bestellnummer dieses Heftes: 1010/37/5.

AN (EDV) 39 532

02000

ARCHIVES OF ANIMAL NUTRITION
ARCHIV FÜR TIERERNÄHRUNG
VOLUME 37 · MAY 1987 · NUMBER 5

Arch. Anim. Nutr., Berlin 37 (1987) 5, 387–405

Forschungszentrum für Tierproduktion Dummerstorf-Rostock
der Akademie der Landwirtschaftswissenschaften der DDR
Bereich Tierernährung „Oskar Kellner“

L. Hoffmann und Monika Klein

Auswirkungen von Ernährungs- und Haltungsfaktoren auf die Wärmeproduktion von Ratten und Broilern

2. Mitteilung

Einfluß der Umgebungstemperatur auf die Wärmeproduktion ausgewachsener Broiler und Ratten

1. Einleitung

Die Effektivität der Tierhaltung wird u. a. auch durch Klimaeinflüsse mitbestimmt. Eine besondere Bedeutung hat die Umgebungstemperatur, bei der die Tiere gehalten werden. Werden bestimmte Grenzwerte eines Temperaturbereiches nach unten oder auch nach oben hin überschritten, wobei dieser Temperaturbereich für einzelne Tierarten und Tierkategorien sehr unterschiedlich sein kann, tritt eine Erhöhung der Wärmeproduktion mit den Folgen einer absinkenden Effektivität in der Konvertierung von Futterenergie in Tierprodukte ein. Große Bedeutung hat weiterhin der Umstand, daß die Nichteinhaltung eines bestimmten Bereiches der Umgebungstemperatur bei Stoff- und besonders bei Energiewechselmessungen zu Resultaten führen kann, die nur für die jeweilige Temperatur zutreffen und nicht verallgemeinert werden dürfen. Aussagen über den energetischen Wert von Nährstoffen oder Futtermitteln z. B. lassen sich nur unter der Bedingung gewinnen, daß die thermoneutrale Zone bzw. der Temperaturpunkt, bei dem unter den gegebenen Fütterungsbedingungen die Wärmeproduktion ein Minimum hat, als Umgebungstemperatur gewählt wird. Die Kenntnis dieser Temperatur bzw. Temperaturspanne ist deshalb für alle Tierspezies, mit denen Stoffwechselmessungen, besonders zum Energieumsatz, durchgeführt werden, sowohl für wachsende als auch adulte Tiere von großem wissenschaftlichen Interesse.

Ergänzend zur Bestimmung der thermoneutralen Zone im weitesten Sinne ist es bedeutsam, den Anstieg der Wärmeproduktion je 1 °C Temperaturabnahme unterhalb der kritischen Temperatur zu ermitteln. Aus der thermoregulatorischen Wärmeproduktion kann abgeleitet werden, welcher Futtereinsatz notwendig ist, um die durch Unterschreiten der kritischen Temperatur zusätzlich auftretenden Energieverluste zu kompensieren.

Mit den Untersuchungen an ausgewachsenen Broilern und Ratten unter Anwendung der Methode der Wärmeproduktions-Kurzzeit-Messung sollten ergänzend zur 1. Mitt.

Tabelle 1 (Table 1)

Versuchsübersicht (Scheme of experiment)

Periode (Period)	Temperaturstufen, °C (Levels of temperature, °C) Mo (Mo)	Di (Tu)	Mi (We)	Do (Th)	Fr (Fr)	Anzahl der aufeinanderfolgenden 20′-Messungen je Tier u. Tag (Number of successive 20 min-measurements per animal and day)	Tierart (Species)	Futtergabe, g Tr.-Subst./Tier u. Tag (Feed supply, g dry matter/animal and day) Zeitpunkt der Fütterung* (Time of feeding*) 1	2	3	4
1	30	25	20	15	10	12	Huhn (Broiler)	58,7	–	–	58,7
							Ratte (Rat)	8,5	–	–	8,5
2	30	25	20	15	10	12	Huhn (Broiler)	58,7	29,4	–	29,4
							Ratte (Rat)	8,5	3,4	–	5,1
3	30	25	20	15	10	12	Huhn (Broiler)	58,7	58,7	–	–
							Ratte (Rat)	8,5	6,8	–	1,7
4	30	25	20	15	10	12	Huhn (Broiler)	58,7	–	29,4	29,4
							Ratte (Rat)	8,5	–	3,4	5,1
5	30	25	20	15	10	12	Huhn (Broiler)	58,7	–	58,7	–
							Ratte (Rat)	8,5	–	6,8	1,7
6	30	25	20	15	10	12	Huhn (Broiler)	58,7	–	–	58,7
							Ratte (Rat)	8,5	–	–	8,5

* 1: Fütterung 18 h vor Beginn des 1. Meßabschnittes (postabsorptiv)
(Feeding 18 h before beginning of the 1st 20min-measurement (postabsorptive))
2: Fütterung 1 h vor Beginn des 1. Meßabschnittes
(Feeding 1 h before beginning of the 1st 20 min-measurement (postabsorptive))
3: Fütterung während der Messungen im 4. Meßabschnitt
(Feeding during the fourth 20 min-measurement)
4: Fütterung nach Ablauf der Messungen
(Feeding after the measurements)

(HOFFMANN, 1987) Anhaltspunkte darüber gewonnen werden, wie in weiteren gezielten Versuchen Bereich und Stufen der Variation der Temperatur gewählt werden müssen, um die Frage nach der thermoneutralen Zone und der Größe der thermoregulatorischen Wärmeproduktion mit größerer Sicherheit beantworten zu können.

2. Material und Methodik

In je einem Versuch mit Broilern bzw. Ratten mit jeweils 2 Tieren wurde bei übereinstimmender Versuchsdurchführung (s. Tab. 1) die Wärmeproduktion durch Messung der CO_2-Produktion und des Sauerstoffverbrauchs in 20′-Zeitabschnitten in Abhängigkeit von der Umgebungstemperatur entweder postabsorptiv nach Fütterung auf dem Erhaltungsniveau (1. und 6. Periode) oder bei Futterverabreichung – in 2 unterschiedlichen Mengen bei Abstufung um 100 % – sowohl 1 h vor Aufnahme der Messungen (2. u. 3. Periode) als auch während der Messung im 4. von insgesamt 12 Meßabschnitten je Tag (4. u. 5. Periode) bestimmt. Die Umgebungstemperatur wurde, beginnend mit 30 °C, von Tag zu Tag um 5 °C bis auf 10 °C gesenkt. An den meßfreien Tagen betrug die Umgebungstemperatur 25 °C.

Jeder Versuch erstreckte sich über den Zeitraum von 6 einwöchigen Perioden, in denen die Futtermenge, die auf die Abdeckung des Energiebedarfs für Erhaltung ausgerichtet war, konstant gehalten wurde. Als Energieerhaltungsbedarf wurden für Broiler 500 und für Ratten 440 kJ umsetzbare Energie/kg $LM^{0,75}$ · d unterstellt. Energiegehalt und chemische Zusammensetzung der verwendeten Futtermischungen – für Broiler industriell hergestelltes Broilermastfutter – sind in Tab. 2 mitgeteilt.

Tabelle 2 (Table 2)

Energiegehalt und chemische Zusammensetzung der Futtermischungen, Angaben in der Trockensubstanz

(Energy content and chemical composition of the diets, values are related to dry matter)

Futtermischung (Feed mixture)	Energie (Energy)	Rohprotein (Crude protein)	Rohfett (Crude fat)	Rohfaser (Crude fibre)	NFE (Nitrogen free extractives)	Rohasche (Ash)
	kJ/g	%	%	%	%	%
Broiler (Broilers)	18,8	24,3	4,2	5,1	60,1	6,3
Ratten (Rats)	18,8	25,2	1,0	n. b.	71,8	2,0

Die Messung der CO_2-Produktion und des O_2-Verbrauches erfolgte mit dem Leistungsprüfgerät Spirolyt II vom VEB Junkalor Dessau.

Die Eignung dieses Gerätes für kurzzeitige Messungen zum Energiewechsel ist von uns an anderer Stelle beschrieben worden (HOFFMANN u. KLEIN, 1982). Die Wärmeproduktion (WP) wurde nach der Formel WP (kJ) = 5,02 CO_2 (l) + 16,19 O_2 (l) (HOFFMANN u. SCHIEMANN, 1980) berechnet. Broiler und Ratten waren männlichen Geschlechts und hatten bei Versuchsbeginn ein Alter von 14 bzw. 21 Wochen. Bei den Broilern handelte es sich um Tiere der Herkunft Tetra B und bei Ratten um Albino-Ratten des Wistar-Stammes.

Tabelle 3 (Table 3)
Wärmeproduktion von Broilern, gemessen in 20-min-Abschnitten
(Heat production of broilers measured in 20 min-periods)

Umgebungs-temperatur (Environmental temperature) °C	mittlere Lebendmasse (Mean body weight) g	Wärmeproduktion, kJ/kg $LM^{0,75}$ · d (Heat production, kJ/kg $LW^{0.75}$ · d) Tier 1 (Animal 1) ($n=12$)	Tier 2 (Animal 2) ($n=12$)	Mittelwert (Mean) ($n=24$)
1. Periode (Period)				
30	2196 ± 50	350 ± 30	320 ± 23	335 ± 30
25	2214 ± 42	378 ± 44	335 ± 18	356 ± 40
20	2231 ± 35	365 ± 23	317 ± 14	341 ± 30
15	2244 ± 31	369 ± 42	330 ± 22	349 ± 38
10	2264 ± 32	418 ± 48	357 ± 18	387 ± 47
Mittelwert (Mean)		376 ± 44	332 ± 23	354 ± 38
2. Periode (Period)				
30	2290 ± 26	408 ± 43	418 ± 41	413 ± 41
25	2292 ± 26	426 ± 36	384 ± 33	405 ± 40
20	2315 ± 20	431 ± 34	395 ± 36	413 ± 39
15	2325 ± 20	382 ± 32	375 ± 30	379 ± 31
10	2345 ± 10	369 ± 15	362 ± 27	366 ± 21
Mittelwert (Mean)		403 ± 40	387 ± 38	395 ± 42
3. Periode (Period)				
30	2380 ± 15	369 ± 22	411 ± 40	390 ± 38
25	2385 ± 15	393 ± 20	403 ± 33	398 ± 27
20	2405 ± 10	392 ± 31	365 ± 21	378 ± 29
15	2420 ± 5	398 ± 19	390 ± 35	394 ± 28
10	2426 ± 9	411 ± 30	374 ± 30	393 ± 35
Mittelwert (Mean)		392 ± 28	389 ± 36	391 ± 26
4. Periode (Period)				
30	2452 ± 3	453 ± 98	417 ± 72	435 ± 86
25	2468 ± 3	449 ± 64	381 ± 104	415 ± 91
20	2478 ± 3	411 ± 69	386 ± 78	398 ± 73
15	2488 ± 3	425 ± 63	367 ± 63	396 ± 68
10	2482 ± 3	433 ± 90	397 ± 78	415 ± 84
Mittelwert (Mean)		434 ± 77	390 ± 79	412 ± 80
5. Periode (Period)				
30	2482 ± 8	449 ± 67	429 ± 73	439 ± 69
25	2511 ± 19	439 ± 76	414 ± 74	427 ± 75
20	2540 ± 21	434 ± 62	415 ± 73	424 ± 67
15	2532 ± 8	432 ± 80	411 ± 84	422 ± 81
10	2530 ± 10	425 ± 74	431 ± 84	428 ± 77
Mittelwert (Mean)		436 ± 70	420 ± 76	428 ± 73
6. Periode (Period)				
30	2569 ± 27	357 ± 30	323 ± 29	340 ± 34
25	2576 ± 24	358 ± 29	314 ± 16	336 ± 32
20	2568 ± 40	352 ± 22	325 ± 44	338 ± 37
15	2606 ± 8	342 ± 26	307 ± 23	325 ± 30
10	2551 ± 47	313 ± 31 [1]	302 ± 19	308 ± 26
Mittelwert (Mean)		345 ± 32	314 ± 28	329 ± 37

[1] letzte Futteraufnahme 42 h vor Meßbeginn
(Last feed intake 42 h before beginning of measurement)

3. Ergebnisse und Diskussion

3.1. Versuch mit Broilern

Tab. 3 enthält die Mittelwerte der Wärmeproduktion aus den 12 Meßabschnitten — umgerechnet auf 24 h — sowohl getrennt für jedes Tier als auch zusammengefaßt. Aus der Gesamtzahl von je 360 Kurzzeitmessungen je Tier ergibt sich eine mittlere Wärmeproduktion für Tier 1 von 398 und für Tier 2 von 372 kJ/kg $LM^{0,75}$ · d. Der Unterschied von 7 % ist signifikant ($\alpha = 0.05$), und er ist mit Ausnahme weniger Tagesvergleiche in allen Perioden und auf allen Temperaturstufen hervortretend. Mit 385 kJ/kg $LM^{0,75}$ · d im Mittel beider Tiere war die Wärmeproduktion wesentlich geringer als bei der Planung der Versuche eingeschätzt worden war (s. Methodik). Die Tiere waren während des Versuches ständig in positiver Energiebilanz. Das ist auch aus ihrer Lebendmasseentwicklung erkennbar (s. Tab. 3). Innerhalb der 6 Versuchswochen betrug die mittlere Zunahme 355 g oder 8 g/d.

Die mittlere Standardabweichung der Einzelwerte eines Tieres über die 12 Meßabschnitte eines Tages lag für die Perioden 1, 2, 3 und 6 bei 30 kJ/kg $LM^{0,75}$ · d. Das entspricht einem Variationskoeffizienten von 8 %. Die deutlich höheren Standardabweichungen in der 4. und 5. Periode sind durch die Fütterung im 4. Meßabschnitt und damit durch erklärbare Niveauunterschiede in der Wärmeproduktion im Verlauf der 12 Messungen/Tag bedingt. Daraus kann keine Aussage zur Reproduzierbarkeit der Messungen abgeleitet werden.

Die Verdopplung der Energieeinnahme vom Ernährungsniveau 0,5 auf 1,0 in der 3. gegenüber der 2. sowie in der 5. gegenüber der 4. Periode hatte keinen Einfluß auf die Wärmeproduktion, wie aus den Mittelwerten von 395 und 391 bzw. 412 und 428 kJ/kg $LM^{0,75}$ · d hervorgeht. Differenzen in der Energieeinnahme von 50 % des Energieerhaltungsbedarfs lassen sich dagegen bei 24 h-Messungen in der Wärmeproduktion nachweisen. Dieser Befund läßt sich nur so erklären, daß innerhalb der ersten 6 Stunden nach der Futteraufnahme die aus einer Veränderung der aufgenommenen Futtermenge folgende Veränderung der Wärmeproduktion durch den Einfluß der motorischen Aktivität überlagert wurde. Für die weiteren Betrachtungen wurden die Meßergebnisse der Energiestufen (2. u. 3. sowie 4. u. 5. Periode) gemittelt.

Die Wiederholung der Messungen 18 h nach der Futteraufnahme in der 6. Periode sollte mit dazu dienen, die Stabilität der Stoffwechsellage der Versuchstiere im Ablauf des Versuches mit zu verfolgen.

Für beide Tiere war mit 8 bzw. 5 % übereinstimmend ein Rückgang in der Wärmeproduktion gegenüber der 1. Periode zu beobachten. Kurzfristige Veränderungen der Stoffwechsellage in dieser Größenordnung traten auch in anderen Meßperioden auf.

Aus den Meßwerten in Tab. 3 wird erkennbar, daß die Umgebungstemperatur in keiner Periode einen Einfluß auf die Wärmeproduktion ausübte. Das weiter verdichtete Datenmaterial in Tabelle 4 macht die Unabhängigkeit der Wärmeproduktion von der Umgebungstemperatur zwischen 30 und 10 °C besonders deutlich sichtbar. Mit 392 und 377 kJ/kg $LM^{0,75}$ · d sind die Grenzwerte der Wärmeproduktion gegeben, wenn die Temperaturstufen unabhängig von den Varianten der Fütterung betrachtet werden ($n = 144$/Temperaturstufe). Es zeigt sich eher die Tendenz der Abnahme der Wärmeproduktion mit abnehmender Temperatur als umgekehrt.

Aus der Untersuchung ergibt sich, daß für die 14 Wochen alten Broiler die thermo-

Tabelle 4 (Table 4)
Wärmeproduktion von Broilern in Abhängigkeit von der Umgebungstemperatur und dem Zeitpunkt der Fütterung, kJ/kg $LM^{0,75}$ · d
(Heat production of broilers in dependence on environmental temperature and time of feeding, kJ/kg $LW^{0.75}$ · d)

Umgeb.-Temp. (Environ-mental temp.) °C	Zeitpunkt der Fütterung (Time of feeding) 18 h vor d. Messung (1. u. 6. Per.) [18 h before the measurement (1st and 6th period)] $n=48$	1 h v. d. Messung (2. u. 3. Per.) [1 h before the measurement (2nd and 3rd period)] $n=48$	18 h v. d. Messung (4. u. 5. Per.) [18 h before the measurement (4th and 5th period)] $n=12$	während der Messung (4. u. 5. Per.) [During the measurement (4th and 5th period)] $n=36$	Mittelwert (Mean) $n=144$
30	338 ± 32	401 ± 39	343 ± 28	468 ± 61	392 ± 67
25	346 ± 37	401 ± 34	316 ± 35	456 ± 61	389 ± 64
20	340 ± 33	396 ± 34	319 ± 27	442 ± 51	382 ± 59
15	337 ± 36	387 ± 29	308 ± 24	442 ± 53	377 ± 59
10	347 ± 55	379 ± 29	310 ± 25	459 ± 52	383 ± 66
Mittelwert (Mean)	342 ± 34 $n=240$	393 ± 32 $n=240$	319 ± 32 $n=60$	453 ± 59 $n=180$	385 ± 63 $n=720$

neutrale Zone den sehr weiten Temperaturbereich von mindestens 10 °C bis 30 °C überstreicht. Die Klärung der Frage, inwieweit eine Ausdehnung der Indifferenzzone nach unten oder oben noch gegeben ist, muß weiteren Untersuchungen vorbehalten bleiben. Die Mechanismen des Wärmetransports von Körperkern zur Körperschale und der Wärmeabgabe an die Umgebung sind beim ausgewachsenen Broiler offensichtlich so ausgebildet, daß einerseits bei der hohen Temperatur von 30 °C keine Probleme der Regelung auftreten, um die aus dem Stoffwechsel anfallende Wärmemenge an die Umgebung abzugeben und andererseits bei 10 °C der Wärmefluß an die Umgebung noch so gesteuert werden kann, daß eine zusätzliche Wärmebildung über chemische Regulation nicht notwendig wird.

In der Literatur gibt es nur wenige Angaben zur thermoneutralen Zone oder kritischen Temperatur ausgewachsener bzw. weitgehend ausgewachsener Hühner. Nach BAROTT und PRINGLE (1946) haben 23 Wochen alte Hühner eine Neutraltemperatur von 18 bis 26 °C und 1 Jahr alte eine wenig dazu veränderte von 17 bis 27 °C. ROMIJN und LOKHORST (1961) geben für ausgewachsene Tiere nach 2 Tagen Hunger eine Neutraltemperatur von 28 bis 32 °C an. NICHELMANN u. a. (1983) fanden an 455 Tage alten Legehybriden noch eine deutliche Abhängigkeit der Wärmeproduktion von der Umgebungstemperatur in dem von uns untersuchten Bereich von 10–30 °C. Sie bestimmten das Minimum der Wärmeproduktion bei 24 °C. Die Literaturdaten zur thermoneutralen Zone ausgewachsener Hühner unterscheiden sich wesentlich von den eigenen Feststellungen.

Die Zeitspanne zwischen Futterverabreichung und Aufnahme der Messungen hatte sehr deutliche Auswirkungen auf die Höhe der Wärmeproduktion (s. Tab. 5). Mit 393 kJ/kg $LM^{0,75}$ · d lag die Wärmeproduktion, wenn das Futter 1 h vor Meßbeginn verabreicht wurde, – die Futteraufnahme war innerhalb von 20 Minuten abgeschlossen – um 15 % höher als bei der Messung im postabsorptiven Zustand 18 h nach der letzten Futteraufnahme. Wurde der Vorgang der Futteraufnahme in die Messungen mit eingeschlossen, erhöhte sich die Wärmeproduktion gegenüber dem postabsorptiven Zustand um 32 % bzw. sogar um 42 %, wenn für den Vergleich die 3 Messungen postabsorptiv desselben Tages herangezogen werden. Die durch die unterschiedliche Zeitspanne zwischen Futterverabreichung und Meßbeginn hervorgerufenen Differenzierungen in der Wärmeproduktion sind auch in Abb. 1 veranschaulicht.

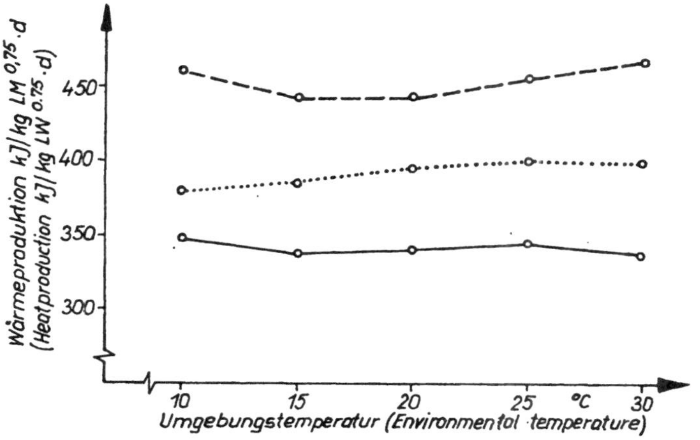

Abb. 1 (Fig. 1). Wärmeproduktion von Broilern in Abhängigkeit von der Umgebungstemperatur und dem Zeitpunkt der Fütterung
(Heat production of broilers in dependence on environmental temperature and time of feeding)
——— Fütterung 18 h vor Beginn des 1. Meßabschnittes
(Feeding 18 h before beginning of the 1st 20 min-measurement)
..... Fütterung 1 h vor Beginn des 1. Meßabschnittes
(Feeding 1 h before beginning of the 1st 20 min-measurement)
– – – Fütterung während der Messungen (im 4. Meßabschnitt)
(Feeding during the 4th 20 min-measurement)

Die Dynamik im zeitlichen Verlauf der Wärmeproduktion in den 6 Stunden der Messung in 12 20-Min.-Abschnitten ist aus Abb. 2 (s. auch Tab. 5) ersichtlich. Die Wärmeproduktion war im postabsorptiven Zustand mit Ausnahme der stetigen Abnahme in den ersten 3 Meßabschnitten – dieses kann als Beruhigungseffekt nach Einsetzen der Tiere in die Respirationskammern gedeutet werden – weitgehend ausgeglichen. Für die 1 h nach der Futterverabreichung begonnenen Messungen zeigt sich ein leichter Trend zur Verringerung der Wärmeproduktion im Verlauf der Untersuchung. Aus der Vergrößerung des Zeitabstandes zur Futteraufnahme ist dieser Trend auch zu erwarten. Inwieweit die Abnahme der Wärmeproduktion in den ersten 3 Meßabschnitten dem bereits angesprochenen „Beruhigungseffekt“ oder einer nachlassenden Stoffwechselintensität, die mit der Futteraufnahme ursächlich zusammenhängt, zuzuordnen ist, ist nicht eindeutig zu entscheiden.

Durch den unmittelbaren Akt der Futteraufnahme trat eine wesentliche Erhöhung der Wärmeproduktion ein. Sie stieg von 319 kJ/kg $LM^{0,75} \cdot d$ unmittelbar vor der

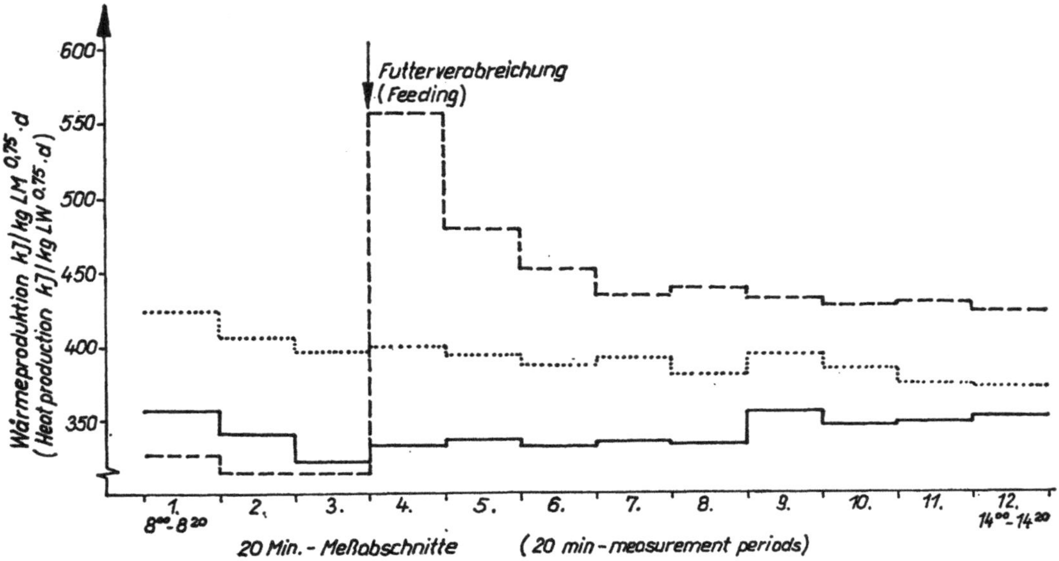

Abb. 2 (Fig. 2). Wärmeproduktion von Broilern im Verlauf der 12 Meßabschnitte des Tages (Heat production of broilers in the course of the 12 measurements of the day)
——— Fütterung 18 h vor Beginn des 1. Meßabschnittes
(Feeding 18 h before beginning of the 1st 20 min-measurement)
. . . . . Fütterung 1 h vor Beginn des 1. Meßabschnittes
(Feeding 1 h before beginning of the 1st 20 min-measurement)
– – – Fütterung während der Messungen (im 4. Meßabschnitt)
(Feeding during the 4th 20 min-measurement)

Futterverabreichung auf 557 kJ/kg $LM^{0,75}$ · d (s. Tab. 5), d. h. auf 175 % an. Die hohen Energieausgaben während der Futteraufnahme dürften vornehmlich von der motorischen Aktivität herrühren. Inwieweit Muskelkontraktionen des Darmtraktes sowie Synthese und Sekretion von Verdauungsenzymen bereits während der Futteraufnahme die Höhe der Wärmeproduktion mitbestimmen, ist schwer abzuschätzen. Daß die motorische Aktivität die entscheidende Rolle spielen dürfte, ist daran erkennbar, daß die Wärmeproduktion schon im 5. und 6. Meßabschnitt, also sehr schnell, stark rückgängig war.

Der 6. bis 12. Meßabschnitt aus der Versuchsvariante „Fütterung während der Messung" (4. und 5. Periode) ist mit dem 1.–7. Meßabschnitt der Versuchsvariante „Fütterung 1 h vor Meßbeginn" (2. und 3. Periode) vom physiologischen Zustand her vergleichbar (tageszeitliche Verschiebung der Meßwerte um 2,5 h). Zwischen beiden Untersuchungen besteht eine systematische Differenz in der Wärmeproduktion von 8 %. Differenzen der gleichen Größe, aber in umgekehrter Richtung, ergaben sich auch zwischen der 1. und 6. Periode. Das bedeutet, daß sich die Stoffwechsellagen von Tieren innerhalb weniger Wochen wesentlich ändern können und daß es für Variantenvergleiche unbedingt empfehlenswert ist, die tägliche Stoffwechsellage durch Messung der Wärmeproduktion bei einer Standardbedingung, z. B. postabsorptiv, zu charakterisieren und aufgetretene Niveaudifferenzen bei der Versuchsauswertung zu berücksichtigen.

Tabelle 5 (Table 5)

Wärmeproduktion von Broilern im Verlauf der 12 Meßabschnitte des Tages in Abhängigkeit vom Zeitpunkt der Fütterung, kJ/kg $LM^{0,75}\cdot d$

(Heat production of broilers during the 12 measurements of the day in dependence on feeding time, kJ/kg $LW^{0.75}\cdot d$)

Meßabschnitt (Measurement)	Zeitpunkt der Fütterung (Time of feeding) 18 h v. d. Messung (1. u. 6. Periode) [18 h before the measurement (1st and 6th period)] $n = 20$	1 h v. d. Messung (2. u. 3. Periode) [1 h before the measurement (2nd and 3rd period)] $n = 20$	während der Messung (4. u. 5. Periode) [During the measurement (4th and 5th period)] $n = 20$
1	358 ± 49	425 ± 39	328 ± 37*
2	342 ± 47	407 ± 37	315 ± 26*
3	322 ± 30	397 ± 34	315 ± 24*
4	333 ± 39	401 ± 40	557 ± 35
5	337 ± 39	395 ± 31	480 ± 33
6	333 ± 33	388 ± 24	453 ± 42
7	336 ± 37	393 ± 35	435 ± 35
8	335 ± 28	382 ± 28	444 ± 43
9	356 ± 50	395 ± 33	433 ± 40
10	347 ± 39	385 ± 32	428 ± 45
11	348 ± 37	374 ± 32	429 ± 38
12	352 ± 34	373 ± 41	423 ± 48
Mittelwert	342 ± 40 $n = 240$	393 ± 36 $n = 240$	454 ± 52 $n = 180$

* postabsorptiv; Mittelwert: 319 ± 33 (n = 60)
(Postabsorptive; mean:)

3.2. Versuche mit Ratten

Ganz im Gegensatz zu den Meßergebnissen an Broilern war bei Ratten die Umgebungstemperatur von dominierender Wirkung auf die Wärmeproduktion (s. Tab. 6). Die Energiestufen hatten bei der Begrenzung der Messungen über den Zeitabschnitt von nur 6 h/d ebenso wie beim Broiler nur einen geringen bzw. keinen Einfluß, wie aus Vergleichen der Wärmeproduktionsdaten zwischen der 2. und 3. bzw. 4. und 5. Periode hervorgeht. Die mögliche Ursache dafür wurde bereits diskutiert. Der zeitliche Abstand zwischen Fütterung und Meßbeginn war wie beim Broiler von Bedeutung für die Höhe der Wärmeproduktion. Aus den weiter verdichteten Daten in Tab. 7 und durch Abb. 3 werden die Zusammenhänge zwischen Wärmeproduktion und Umgebungstemperatur sowie Zeitpunkt der Fütterung noch deutlicher sichtbar.

Wie der Abb. 3 zu entnehmen ist, stieg die Wärmeproduktion bei Abnahme der Umgebungstemperatur von 30 auf 25 °C weniger steil an als bei weiterer Erniedrigung unterhalb von 25 °C. Aus der Abflachung der Kurven zwischen 25 und 30 °C ist eine kritische Temperatur in der Nähe von 30 °C zu vermuten. Für weitere Messungen zur Bestimmung der thermoneutralen Zone der ausgewachsenen Albino-Ratte ist nur der Temperaturbereich >25 °C interessant, wobei Temperaturstufen von höchstens 2 °C

Tabelle 6 (Table 6)

Wärmeproduktion von Ratten, gemessen in 20-min-Abschnitten

(Heat production of rats measured in 20 min-periods)

Umgebungs-temperatur (Environmental temperature) °C	Lebendmasse (Body weight) g	Wärmeproduktion, kJ/kg $LM^{0,75}$ · d (Heat production) Tier 1 (Animal 1) ($n=12$)	Tier 2 (Animal 2) ($n=12$)	Mittelwert (Mean) ($n=12$)
1. Periode (Period)				
30	222 ± 2	247 ± 51	230 ± 20	238 ± 39
25	224 ± 1	322 ± 64	299 ± 64	311 ± 64
20	222 ± 0	504 ± 66	504 ± 137	504 ± 105
15	219 ± 0	627 ± 54	610 ± 88	619 ± 72
10	215 ± 0	669 ± 59	719 ± 85	694 ± 76
Mittelwert (Mean)	221 ± 3	474	472	473
2. Periode (Period)				
30	210 ± 3	382 ± 81	347 ± 67	364 ± 75
25	212 ± 1	426 ± 83	402 ± 62	414 ± 73
20	210 ± 0	553 ± 55	496 ± 88	524 ± 77
15	208 ± 0	572 ± 72	654 ± 125	613 ± 108
10	206 ± 0	867 ± 65	817 ± 98	842 ± 85
Mitterwert (Mean)	209 ± 2	560	543	551
3. Periode (Period)				
30	204 ± 0	428 ± 54	389 ± 52	409 ± 56
25	206 ± 1	354 ± 34	399 ± 46	377 ± 46
20	205 ± 3	570 ± 77	529 ± 80	550 ± 80
15	204 ± 3	759 ± 99	670 ± 91	714 ± 103
10	200 ± 3	911 ± 70	883 ± 120	897 ± 97
Mittelwert (Mean)	204 ± 3	605	574	589
4. Periode (Period)				
30	201 ± 3	390 ± 62	363 ± 78	376 ± 71
25	201 ± 5	417 ± 99	382 ± 103	399 ± 100
20	201 ± 5	583 ± 107	592 ± 99	587 ± 101
15	201 ± 5	734 ± 75	719 ± 151	726 ± 117
10	199 ± 5	882 ± 87	932 ± 121	907 ± 106
Mittelwert (Mean)	201 ± 5	601	598	599
5. Periode (Period)				
30	198 ± 4	370 ± 76	330 ± 59	350 ± 70
25	197 ± 4	434 ± 95	457 ± 84	446 ± 89
20	196 ± 4	566 ± 102	575 ± 103	571 ± 101
15	196 ± 4	732 ± 105	655 ± 85	693 ± 101
10	194 ± 4	863 ± 76	896 ± 112	879 ± 95
Mittelwert (Mean)	196 ± 4	593	582	588
6. Periode (Period)				
30	194 ± 3	316 ± 27	288 ± 57	302 ± 46
25	195 ± 3	339 ± 92	376 ± 75	358 ± 84
20	196 ± 4	412 ± 80	514 ± 112	463 ± 109
15	196 ± 4	632 ± 39	641 ± 89	637 ± 67
10	194 ± 3	789 ± 93	807 ± 133	798 ± 113
Mittelwert (Mean)	195 ± 3	498	526	512

Tabelle 7 (Table 7)

Wärmeproduktion von Ratten in Abhängigkeit von der Umgebungstemperatur und dem Zeitpunkt der Fütterung, kJ/kg $LM^{0,75} \cdot d$

(Heat production of rats in dependence on environmental temperature and time of feeding, kJ/kg $W^{0.75} \cdot d$)

Umgeb.-temp. (Environmental temperature) °C	Zeitpunkt der Fütterung (Time of feeding) 18 h v. d. Messung (1. u. 6. Periode) [18 h before the measurement (1st and 6th period)] $n=48$	1 h v. d. Messung (2. u. 3. Periode) [1 h before the measurement (2nd and 3rd period)] $n=48$	18 h v. d. Messung (4. u. 5. Periode) [18 h before the measurement (4th and 5th period)] $n=12$	während der Messung (4. u. 5. Periode) [During the measurement (4th and 5th period)] $n=36$	Mittelwert (Mean) $n=144$
30	270 ± 53	386 ± 69	312 ± 31	380 ± 72	340
25	334 ± 78	395 ± 63	344 ± 49	449 ± 94	384
20	483 ± 108	537 ± 79	526 ± 53	597 ± 106	533
15	628 ± 70	664 ± 117	700 ± 101	713 ± 113	667
10	746 ± 109	869 ± 94	823 ± 55	917 ± 102	836
Mittelwert (Mean)	492 $n=240$	570 $n=240$	541 $n=60$	611 $n=180$	

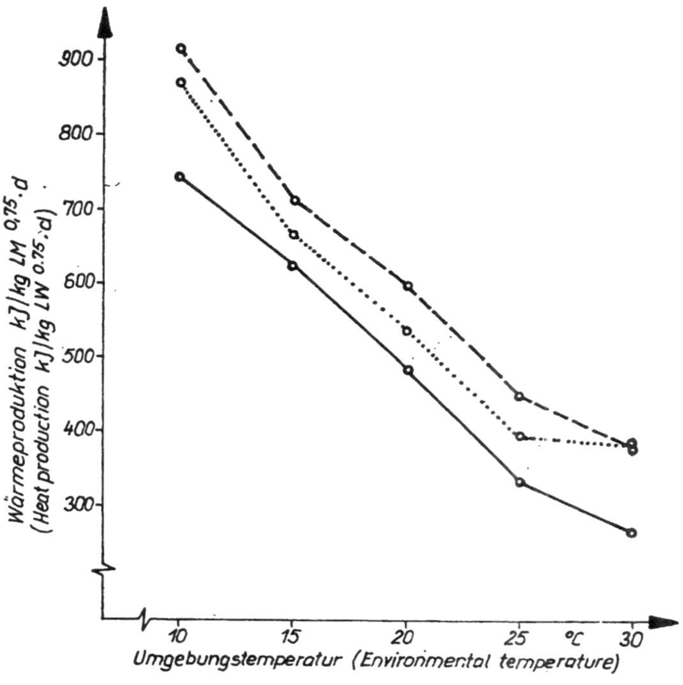

Abb. 3 (Fig. 3). Wärmeproduktion von Ratten in Abhängigkeit von der Umgebungstemperatur und dem Zeitpunkt der Fütterung
(Heat production of rats in dependence on environmental temperature and time of feeding)

——— Fütterung 18 h vor Beginn des 1. Meßabschnittes (Feeding 18 h before beginning of the 1st 20 min-measurement)

..... Fütterung 1 h vor Beginn des 1. Meßabschnittes (Feeding 1 h before beginning of the 1st 20 min-measurement)

— — — Fütterung während der Messungen (im 4. Meßabschnitt) (Feeding during the 4th 20 min-measurement)

Tabelle 8 (Table 8)

Thermoregulatorische Wärmeproduktion bzw. thermostatischer Wärmebedarf von Ratten, kJ/kg $LM^{0,75}$ · d · °C
Temperaturabschnitt 10 bis 25 °C

(Thermoregulatory heat production resp. thermostatic heat requirement of rats, temperature range 10 to 25 °C, kJ/kg $LW^{0.75}$ · d · °C)

Ratte Nr. (Rat number)	n/Periode (Period)	Periode (Period) 1	2	3	4	5	6	Mittelwert (Mean) ($n=72$)
1	12	23,2 ± 6,4	29,4 ± 6,1	37,1 ± 5,3	31,0 ± 6,1	28,6 ± 5,4	30,0 ± 20,7	29,9 ± 10,7
2	12	28,0 ± 7,4	27,7 ± 9,0	32,3 ± 6,8	36,7 ± 7,0	29,3 ± 4,9	28,7 ± 9,0	30,4 ± 7,9
Mittelwert (Mean) ($n=24$)		25,6 ± 7,2	28,5 ± 7,6	34,7 ± 6,4	33,9 ± 7,1	28,9 ± 5,1	29,4 ± 9,7	30,2 ± 9,4 ($n=144$)
Aus der Regressionsanalyse (From regression analysis) Tier 1 u. 2 (Animal 1 and 2)	96	25,3	27,4	34,5	33,3	28,5	29,9	29,8
Umgebungstemperatur, bei der der thermostat. Wärmebedarf je Tier und Tag gleich Null wird, °C (Environmental temperature at which the thermostatic heat requirement per animal and day becomes zero, °C)		38,5	39,3	35,9	37,2	40,2	36,4	37,8

gewählt werden sollten. Die thermoneutrale Temperatur bzw. die Temperatur minimaler Wärmeproduktion wird für Ratten von BENEDICT und MCLEOD (1929) mit 28 bis 32 °C und von SWIFT und FORBES (1939) mit 30–33 °C angegeben. Auch aus anderen Untersuchungen (GOTO, 1923; WESSON, 1931; SCHWABE u. a., 1938; MALES u. MAGAZ, 1929 und TERROINE u. TRAUTMANN, 1927 (alle zitiert bei SWIFT u. FORBES, 1939) geht hervor, daß die thermoneutrale Zone der Ratte mit 28 bis 33 °C einzugrenzen ist. Zwischen 25 °C und 10 °C war die Wärmeproduktion linear von der Umgebungstemperatur abhängig. Die Erhöhung der Wärmeproduktion je 1 °C Temperaturerniedrigung im Bereich zwischen 25 und 10° C wurde sowohl nach dem Differenzprinzip als auch durch Regressionsanalysen ermittelt. In Tab. 8 sind die Ergebnisse zur thermoregulatorischen Wärmeproduktion nach beiden Auswertungsverfahren zusammengestellt.

Beide Berechnungsverfahren führen praktisch übereinstimmend zu einer thermoregulatorischen Wärmeproduktion für die ausgewachsene Ratte von 30 kJ/kg $LM^{0,75}$ · d · °C. Für Ratten sind weitere Ergebnisse zur thermoregulatorischen Wärmeproduktion aus der Literatur nicht bekannt. MOUNT (1975) gibt für 35 kg schwere Schweine einen entsprechenden Wert von 8 kJ/kg LM · d · °C an; das sind umgerechnet 19 kJ/kg $LM^{0,75}$ · d · °C. Bei Gruppenhaltung reduziert sich der Wert bis auf 50 %. Ein bis zwei Wochen alte Küken haben eine thermoregulatorische Wärmeproduktion um 20 kJ/kg $LM^{0,75}$ · d · °C; sie geht für 8 Wochen alte Küken auf 10–12 kJ/kg $LM^{0.75}$ · d · °C zurück (s. 1. Mitt., HOFFMANN, 1987; WINKLER, 1973; NICHELMANN u. a., 1983). Die ausgewachsene Ratte ist in ihrer Wärmeproduktion außerordentlich temperatursensibel. Ausgehend von der Wärmeproduktion im postabsorptiven Zustand bei 25 °C reicht eine Temperaturabsenkung um 11 °C aus, um die Wärmeproduktion zu verdoppeln.

Die lineare Abhängigkeit der Wärmeproduktion von der Umgebungstemperatur unterhalb von 25 °C bis zur Temperaturgrenze von 10 °C läßt die Schlußfolgerung zu, daß sich auch der Wärmeverlust vergleichbar mit einem Thermostaten linear verhielt und allein durch chemische Wärmeregulation ausgeglichen wurde. Unter der Voraussetzung, daß der Wärmeinhalt der Ratten sich nicht änderte, kann die thermoregulatorische Wärmeproduktion auch als thermostatischer Wärmebedarf aufgefaßt werden. Aus den Regressionsgleichungen zur Abhängigkeit der Wärmeproduktion von der Umgebungstemperatur kann die Umgebungstemperatur berechnet werden, bei der der thermostatische Wärmebedarf je Tier und Tag Null wird. Wenn die linearen Beziehungen im Temperaturbereich 25 bis 10 °C den thermostatischen Wärmebedarf angenähert richtig widerspiegeln, dann ist theoretisch für diesen Fall eine Umgebungstemperatur in der Nähe der Körpertemperatur der Ratte zu erwarten. In Tab. 8 sind die aus dem Quotienten $\frac{\text{Absolutglied}}{\text{Regr.-Koeff.}}$ berechneten Temperaturwerte in der unteren Zeile mit aufgeführt. Die Temperaturen schwanken für die periodenweise vorgenommenen Auswertungen zwischen 35,9 und 40,2 °C. Aus der Regressionsgleichung (7) in Tab. 9, die für das gesamte Datenmaterial repräsentativ ist, leitet sich eine Umgebungstemperatur von 37,8 °C ab. Der Wert trifft gut die Körpertemperatur der Ratte, die mit 37,5 bis 38,8 als normal angegeben wird (HAGEMANN, 1960). Die thermoregulatorische Wärmeproduktion bzw. der thermostatische Wärmebedarf der ausgewachsenen Ratte von 30 kJ/kg $LM^{0,75}$ · d · °C ist deshalb auch aus theoretischer Sicht gut fundiert.

Tabelle 9 (Table 9)

Regressionsgleichungen zur Kennzeichnung der Abhängigkeit der Wärmeproduktion von der Umgebungstemperatur (10–25 °C)
(Regression equations for dependence of heat production on the environmental temperature (10–25 °C))

	Periode (Period)	Regressionsgleichung (Regression equation)	B	n
(1)	1	$y = 974{,}9 - \overset{**}{25{,}3}x \pm 8{,}9$	0,738	96
(2)	2	$y = 1078{,}1 - \overset{**}{27{,}4}x \pm 9{,}6$	0,736	96
(3)	3	$y = 1238{,}6 - \overset{**}{34{,}5}x \pm 8{,}6$	0,844	96
(4)	4	$y = 1237{,}1 - \overset{**}{33{,}3}x \pm 10{,}9$	0,760	96
(5)	5	$y = 1145{,}5 - \overset{**}{28{,}5}x \pm 10{,}0$	0,734	96
(6)	6	$y = 1087{,}0 - \overset{**}{29{,}9}x \pm 9{,}9$	0,758	96
(7)	1–6	$y = 1126{,}7 - \overset{**}{29{,}8}x \pm 4{,}4$	0,714	576

y = Wärmeproduktion, kJ/kg $LM^{0,75}$ · d (Heat production kJ/kg $LW^{0.75}$ · d)
x = Umgebungstemperatur, °C (Environmental temperature, °C)

Für die Abhängigkeit der Wärmeproduktion der Ratte von der Umgebungstemperatur ist bemerkenswert, daß die bei 30 und 25 °C durch die unterschiedlichen Zeitpunkte der Fütterung ausgelöste Differenzierung im Stoffwechselniveau auch bei niedrigen Temperaturen bis zu 10 °C erhalten geblieben ist (s. Abb. 3). Eine Kompensation der aus der chemischen Wärmeregulation und der aus der Aufnahme und intermediären Verwertung der Nährstoffe herrührenden Wärme hat nicht stattgefunden. Das steht im Widerspruch zur Kompensationstheorie nach RUBNER (1902). Nach dieser Theorie ist die Differenz zwischen minimaler Wärmeproduktion bei der kritischen Temperatur und der Wärmeproduktion bei irgendeiner anderen Temperatur unterhalb der kritischen Temperatur der Kompensation durch Wärme zugänglich, die durch andere intermediäre Vorgänge ausgelöst wird als durch die der chemischen Wärmeregulation. Das heißt, das Ausmaß der chemischen Wärmeregulation hängt nicht allein von der Umgebungstemperatur ab, sondern gleichzeitig von Faktoren, die den Wärmebildungsprozeß unabhängig von der Temperatur beeinflussen, z. B. Futteraufnahme. Für die Untersuchungen an Ratten ergibt sich aus der Theorie der Wärmekompensation, daß die bei 30 °C beobachtete Differenz in der Wärmeproduktion zwischen postabsorptiver Messung und Messung unter Einschluß der Futteraufnahme von 110 kJ/kg $LM^{0,75}$ · d (s. Tab. 7) bei 20, 15 und 10 °C nicht nach außen hin hätte in Erscheinung treten dürfen, denn für diese Temperaturstufen betrugen die kompensatorisch zugänglichen Wärmemengen 213, 358 und 476 kJ/kg $LM^{0,75}$ · d. Auf den genannten drei Temperaturstufen war demnach die vollständige Kompensation der mit der Futteraufnahme verbundenen Wärme theoretisch möglich. Daß sie nicht stattgefunden hat, ist ein wichtiger Hinweis auf die Notwendigkeit, die Kompensationstheorie RUBNERS, die aus Versuchen mit Hunden entwickelt worden ist, durch neue Untersuchungen mit Staffelung der Energieeinnahmen an verschiedenen Tierarten auf ihre

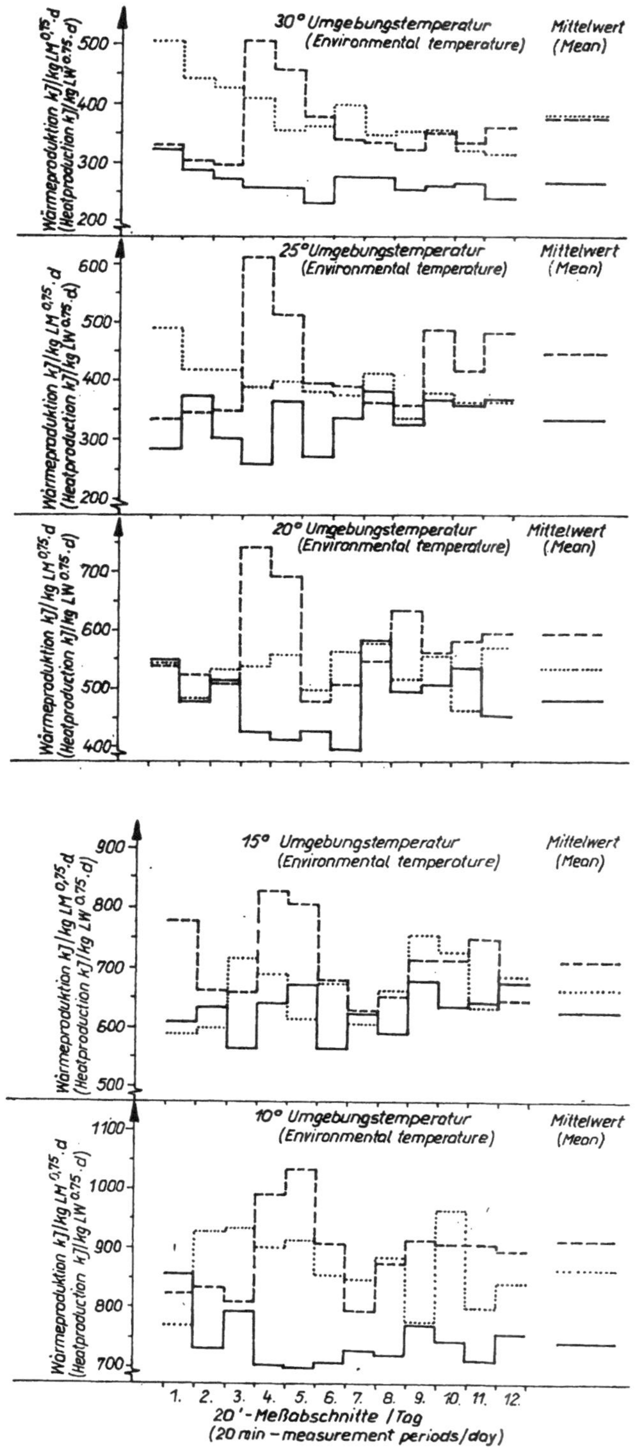

Abb. 4 (Fig. 4). Wärmeproduktion von Ratten im Verlauf der 12 Meßabschnitte des Tages in Abhängigkeit vom Zeitpunkt der Fütterung (Heat production of rats in the course of the 12 measurements of the day in dependence on feeding time)

——— Fütterung 18 h vor Beginn des 1. Meßabschnittes (Feeding 18 h before beginning of the 1st 20 min-measurement)

...... Fütterung 1 h vor Beginn des 1. Meßabschnittes (Feeding 1 h before beginning of the 1st 20 min-measurement)

– – – Fütterung während der Messungen (im 4. Meßabschnitt) (Feeding during the 4th 20 min-measurement)

Tabelle 10 (Table 10)

Wärmeproduktion von Ratten im Verlauf der 12 Meßabschnitte des Tages in Abhängigkeit von der Umgebungstemperatur und dem Zeitpunkt der Fütterung, kJ/kg $LM^{0,75} \cdot d$

(Heat production of rats during the 12 measurements of the day in dependence on feeding time, kJ/kg $LW^{0.75} \cdot d$)

Meßabschnitt (Measurement number)	Umgebungstemperatur, °C (Environmental temperature, °C) 30 $n=4$	25 $n=4$	20 $n=4$	15 $n=4$	10 $n=4$
Fütterung 18 h vor Beginn des 1. Meßabschnittes (postabsorptiv, Periode 1 u. 6) (Feeding 18 h before beginning of the 1st 20 min-measurement, postabsorptive, period 1 and 6)					
1	326 ± 40	284 ± 19	550 ± 103	608 ± 38	857 ± 49
2	290 ± 91	374 ± 86	477 ± 90	633 ± 26	732 ± 47
3	274 ± 39	304 ± 51	516 ± 80	565 ± 10	796 ± 152
4	260 ± 40	260 ± 14	428 ± 57	640 ± 44	704 ± 117
5	261 ± 54	364 ± 110	412 ± 103	672 ± 136	702 ± 133
6	235 ± 18	272 ± 64	428 ± 57	565 ± 81	710 ± 85
7	281 ± 70	338 ± 83	397 ± 77	626 ± 104	729 ± 81
8	279 ± 56	384 ± 99	586 ± 119	592 ± 52	723 ± 167
9	257 ± 42	327 ± 65	498 ± 214	678 ± 84	776 ± 156
10	266 ± 55	369 ± 80	511 ± 60	636 ± 24	748 ± 103
11	270 ± 46	362 ± 104	540 ± 52	642 ± 53	716 ± 14
12	244 ± 68	373 ± 30	458 ± 119	674 ± 32	761 ± 134
Fütterung 1 h vor Beginn des 1. Meßabschnittes (Periode 2 und 3) (Feeding 1 h before beginning of the 1st 20 min-measurement, period 2 and 3)					
1	507 ± 37	490 ± 126	548 ± 69	591 ± 120	769 ± 102
2	446 ± 45	420 ± 14	486 ± 32	600 ± 140	930 ± 41
3	430 ± 14	419 ± 23	536 ± 61	718 ± 62	934 ± 65
4	413 ± 51	390 ± 15	540 ± 45	690 ± 144	902 ± 19
5	358 ± 39	398 ± 40	560 ± 100	615 ± 112	914 ± 92
6	365 ± 42	382 ± 57	501 ± 89	674 ± 164	856 ± 99
7	403 ± 29	378 ± 66	566 ± 114	608 ± 78	850 ± 113
8	349 ± 69	415 ± 67	585 ± 70	662 ± 98	887 ± 44
9	358 ± 45	339 ± 36	520 ± 66	756 ± 162	778 ± 64
10	359 ± 75	382 ± 71	559 ± 76	728 ± 73	967 ± 105
11	328 ± 38	368 ± 55	468 ± 111	634 ± 69	803 ± 110
12	322 ± 82	365 ± 32	576 ± 87	687 ± 139	844 ± 54
Fütterung während der Messungen im 4. Meßabschnitt (Periode 4 u. 5) (Feeding during the 4th 20 min-measurement, period 4 and 5)					
1	333 ± 16	336 ± 39	542 ± 81	778 ± 137	826 ± 51
2	306 ± 38	344 ± 41	524 ± 48	662 ± 62	834 ± 68
3	299 ± 31	351 ± 75	512 ± 26	661 ± 53	810 ± 59
4	508 ± 46	612 ± 58	744 ± 45	827 ± 82	992 ± 117
5	460 ± 36	514 ± 53	696 ± 41	807 ± 42	1034 ± 75
6	379 ± 27	397 ± 44	480 ± 112	680 ± 58	910 ± 83
7	346 ± 57	392 ± 70	510 ± 73	628 ± 69	796 ± 57
8	340 ± 50	366 ± 36	550 ± 94	652 ± 177	878 ± 107
9	328 ± 68	361 ± 30	638 ± 71	714 ± 68	918 ± 79
10	354 ± 44	489 ± 62	566 ± 95	715 ± 110	909 ± 127
11	339 ± 43	420 ± 67	586 ± 74	750 ± 167	909 ± 74
12	364 ± 43	486 ± 82	599 ± 66	645 ± 58	900 ± 68

allgemeine Gültigkeit zu überprüfen. Für die hier getroffenen Feststellungen ist jedoch einschränkend zu bemerken, daß die Wärmeproduktionsmessungen sich nur auf einen Tagesabschnitt über 6 Stunden erstreckten.

In Abb. 4 wird der Verlauf der Wärmeproduktion in der Folge der 12 Meßabschnitte des Tages grafisch veranschaulicht (s. auch Tab. 10). Der Einfluß der unmittelbaren Futteraufnahme auf die Wärmeproduktion tritt auf allen Temperaturstufen hervor. Die Differenzen in der Wärmeproduktion zwischen der letzten Messung vor der Futtergabe im 3. Abschnitt und der Messung während der Futteraufnahme im 4. Abschnitt betrugen in der Reihenfolge abnehmender Umgebungstemperatur 209, 261, 232, 166 und 182 kJ/kg $LM^{0,75} \cdot d$. Das sind etwa 40–50 % der Wärmeproduktion bei Energieerhaltung bei 30 °C Umgebungstemperatur. Körperaktivitäten während und auch nach der Futteraufnahme (Putzphase) dürften als die wesentlichsten Ursachen für die Stoffwechselsteigerung in Betracht kommen. Im 6. Meßabschnitt, also im 2. Abschnitt nach Beendigung der Futteraufnahme, wurde in der Regel schon das Niveau der Stoffwechselaktivität der darauf folgenden Abschnitte erreicht.

Insgesamt waren bei den Ratten die Schwankungen in der Wärmeproduktion in aufeinanderfolgenden Meßabschnitten verhältnismäßig groß. Herausgegriffene Beispiele dafür sind die Messungen im postabsorptiven Zustand bei 25 °C in den Abschnitten 4, 5 und 6 (260, 364, 272 kJ/kg $LM^{0,75} \cdot d$) und bei 20 °C in den Abschnitten 7, 8 und 9 (397, 586, 498 kJ/kg $LM^{0,75} \cdot d$). Ohne unmittelbar quantitativ die motorische Aktivität parallel zum Energiewechsel zu messen, sind differenzierte Aussagen über Ursachen fortwährend eintretender größerer Veränderungen im Stoffwechselniveau nicht zu treffen.

Zusammenfassung

In je einem Versuch mit Broilern (Herkunft Tetra B) und mit Ratten (Albino, Wistar-Stamm) mit jeweils 2 Tieren wurde die Wärmeproduktion durch Messung der CO_2-Produktion und des O_2-Verbrauchs in 20′-Zeitabschnitten nach Futterverabreichung 18 h und 1 h vor Meßbeginn und auch während der Messungen bei Umgebungstemperaturen von 30, 25, 20, 15 und 10 °C ermittelt. Jede Variante wurde über 6 h/d in 12 Meßabschnitten verfolgt. Die Futtermenge/Tier und Tag war auf die Deckung des Energieerhaltungsbedarfs abgestimmt. Broiler und Ratten hatten bei Versuchsbeginn ein Alter von 14 bzw. 21 Wochen und wogen 2,2 kg bzw. 220 g.

Bei Broilern hatte die Variation der Umgebungstemperatur keinen Einfluß auf die Wärmeproduktion. Dagegen wirkte sich der Fütterungszeitpunkt in Relation zum Meßbeginn deutlich auf die Wärmeproduktion aus. Während im postabsorptiven Zustand 18 h nach der letzten Futteraufnahme eine Wärmeproduktion von 342 ± 34 kJ/kg $LM^{0,75} \cdot d$ ermittelt wurde, erhöhte sie sich, wenn die Messungen 1 h nach der Futterverabreichung begannen, um 11 % auf 393 ± 32 kJ/kg $LM^{0,75} \cdot d$. Durch den unmittelbaren Akt der Futteraufnahme trat eine Steigerung der Wärmeproduktion um 75 % auf.

Bei Ratten war mit abnehmender Umgebungstemperatur ein deutlicher Anstieg der Wärmeproduktion verbunden. Der Anstieg verlief im Temperaturbereich 30 bis 25 °C flacher als im Bereich 25 bis 10 °C. Je 1 °C unterhalb von 25 °C erhöhte sich die Wärmeproduktion um 30 kJ/kg $LM^{0,75} \cdot d$. Die Erhöhung war unabhängig vom Stoffwechselniveau, das durch die Varianten der Fütterung beeinflußt war. Die Ergebnisse werden im Zusammenhang mit der Wärmekompensationstheorie RUBNERS diskutiert.

Резюме

Л. Хоффманн и Моника Клайн

Влияние параметров питания и содержания на теплопродукцию крыс и птиц-бройлеров. 2-ое сообщ.: Влияние окружающей температуры на теплородукцию взрослых бройлеров и крыс

В опыте на бройлерах (происхождения Тетра Б) и на крысах (альбиносах породы Вистар) определилась всегда на 2 животных теплопродукция с помощью измерения образования CO_2 и потребления O_2 в 20-минутные периоды после кормления 18 часов и 1 час до начала измерения и тоже во время измерений при окружающих температурах от 30, 25, 20, 15 и 10 °C. Каждый вариант изучился во время 6 часов в сутки, т. е. с помощью 12 измерительных периодов. Количество корма на голову в сутки соответствовало потребности в энергии для поддерживания жизни. Бройлерам и крысам были 14 и 21 неделя вначале опыта, а живые массы были 2,2 кг и 220 г.

Вариация окружающей температуры у бройлеров не имела влияния на теплопродукцию. С другой стороны обнаружили значительное влияние на теплопродукцию относительно времени кормления и точки измерения. Теплопродукция составила 342 ± 34 кДж/кг ЖМ^{0,75} в сутки 18 часов после последнего кормления, но она повышалась на 11 % до 393 ± 32 кДж/кг ЖМ^{0,75} в сутки, если измерение начиналось 1 час после дачи корма. При самом потреблении корма повысилась теплопродукция на 75 %.

У крыс обнаружили значительное повышение теплопродукции со снижением окружающей температуры. Повышение являлось в пределах от 30 до 25 °C более медленным, чем в пределах от 25 до 10 °C. С каждым градусом ниже 25 °C повышалась теплопродукция на 30 кДж/кг ЖМ^{0,75} в сутки. Названное повышение не зависило от уровня обмена веществ, на который варианты кормления влияли. Результаты обсуждаются в связи с теорией Рубнера о компензации тепла.

Summary

L. Hoffmann and Monika Klein

Effects of factors of nutrition and keeping on the heat production of rats and broilers. 2. Influence of the ambient temperature on the heat production of fully grown broilers and rats

In an experiment with broilers (origin Tetra B) and with rats (albino, Wistar line) with 2 animals each, heat production was ascertained by measuring CO_2 production and O_2 consumption over 20 minutes after their feeding 18 h and 1 h before the beginning of measuring at ambient temperatures of 30, 25, 20, 15 and 10 °C. Every variant was followed through over 6 h/d in 12 measuring sections. The feed amount/animal and day was adapted to energy maintenance requirement. At the beginning of the experiments the broilers and rats were 14 and 21 weeks old resp. and weighed 2.2 kg and 220 g resp.

The variation of the ambient temperature did not influence the heat production of the broilers. In contrast to this, the time of feeding in relation to the beginning of measuring had a distinct effect on heat production. Whereas a heat production of 342 ± 34 kJ/kg $LW^{0.75} \cdot d$ was ascertained in the postabsorptive state 18 h after the last feed intake, it increased by 11 % to 393 ± 32 kJ/kg $LW^{0.75} \cdot d$ when measuring began 1 h after feeding. The very act of feed intake increased heat production by 75 %.

Rats showed a distinct increase of heat production caused by a decreasing ambient temperature. In the temperature range of 30–25 °C the increase was shallower than in the range of 25–10 °C. Per 1 °C below 25 °C heat production increased by 30 kJ/kg $LW^{0.75} \cdot d$. The increase was independent of the metabolism level, which was influenced by the feeding variants. The results are discussed in connection with RUBNER's theory of heat compensation.

Literaturverzeichnis

[1] BAROTT, H. G. und E. M. PRINGLE: J. Nutr. **31**, 35 (1946)
[2] BENEDICT, F. G. und GRACE McLEOD: J. Nutr. **1**, 367 (1929)
[3] GOTO, KIKO: Biochem. Zeitschr. **135**, 107 (1923)
[4] HAGEMANN, E.: Ratte und Maus. Walter DE Gruyter & Co, Berlin, 318 S. (1960)
[5] HOFFMANN, L.: Arch. Tierernähr., **37**, 191 (1987)
[6] HOFFMANN, L. und M. KLEIN: Arch. Tierernähr. **32**, 69 (1982)
[7] MALES, B. und J. MAGAZ: Boll. Soc. Ital. Biol. Sper. **4**, 461 (1929)
[8] MOUNT, L. E.: Livestock Prod. Sci. **2**, 381 (1975)
[9] NICHELMANN, M., B. HEWALD und B. GRUNE: Arch. exper. Vet.med. **37**, 341 (1983)
[10] ROMIJN, C. und W. LOKHORST: Tschr. diergeneesk. **86**, 153 (1961)
[11] RUBNER, M.: Die Gesetze des Energieverbrauchs bei der Ernährung. Franz Deuticke, Leipzig u. Wien. 426 S. (1902)
[12] SCHWABE, E. L., F. E. EMERY und F. R. GRIFFITH, Jr.: J. Nutr. **15**, 199 (1938)
[13] SWIFT, R. W. und R. M. FORBES: J. Nutr. **18**, 307 (1939)
[14] TERROINE, E. F. und S. TRAUTMANN: Ann. Physiol. et Physico-Chim. Biol. III, 422 (1927)
[15] WESSON, L. G.: J. Nutr. **3**, 503 (1931)
[16] WINKLER, G.: Zum Wärmehaushalt des Broilers. Diss. (Prom. A), Humboldt-Univ. Berlin (1973)

Die Autoren danken den techn. Ass. EVELYN LIPPASSON und CHRISTEL MARKWARDT, die an der Durchführung und Auswertung der Versuche beteiligt waren.

Eingegangen: 21. August 1985

Anschrift der Autoren:

Dr. habil. L. HOFFMANN und Dr. MONIKA KLEIN
Forschungszentrum für Tierproduktion Dummerstorf-Rostock,
Bereich Tierernährung „Oskar Kellner",
Justus-von-Liebig-Weg 1,
Fach-Nr. 2701+2702
Rostock
DDR - 2500

Arch. Anim. Nutr., Berlin 37 (1987) 5, 406

Buchbesprechung

Biogene Amine in Lebensmitteln. Verfasser: Ahmed Askar und Hans Treptow. Erschienen im Verlag Eugen Ulmer Stuttgart, 1986; 197 Seiten mit 47 Tabellen und 34 Abbildungen, kartoniert; Format 15×23 cm – Preis: DM 58,–

Bei den Autoren dieses Buches handelt es sich um Prof. Dr. Ahmed Askar von der University of Suez Canal, Ismailia bzw. um Dr. Hans Treptow von der Technischen Universität Berlin (West).

Diese moderne Übersicht basiert auf mehr als 600 wissenschaftlichen Originalarbeiten (überwiegend aus den letzten 30 Jahren), die auch in den einzelnen Kapiteln ausführlich genannt werden. Das Buch unterteilt sich in folgende Hauptkapitel: Entstehung von Aminen in Lebensmitteln, Vorkommen von Aminen in Lebensmitteln, Bedeutung von Aminen, Stoffwechsel von biogenen Aminen sowie Bestimmung von Aminen in Lebensmitteln.

Wenn man dieses Buch ausführlich liest und wüßte, daß man zu wenig Aminoxidasen (Mukosa des Dünndarms, Leber, Lunge, Niere, Haut werden als Orte der Enzymaktivitäten für Mono- und Diaminoxidasen angegeben) im eigenen Körper besitzt, so würde man kaum noch Eiweißprodukte bzw. Schokolade essen. Auf Seite 77 kann man lesen: „Der hohe Histamingehalt eines Schweizer Käses (über 1500 mg/kg) führte sogar zur Vergiftung." Neben Histamin enthält Käse selbstverständlich auch Tyramin und Phenylethylamin je nach Herstellungs- und Reifungsverfahren in unterschiedlichen Mengen. Jedoch auch bereits in der Frischmilch können unter ungünstigen hygienischen Verhältnissen im Rahmen einer Keimvermehrung auf eine Größenordnung von 10^8/ml Amine gebildet werden. Auch im frischen Rind- und Schweinefleisch sind Histamin, Putrescin, Cadaverin, Tyramin, Tryptamin und Colamin ermittelt worden. In beiden Fleischarten wurde ein stufenweises Ansteigen der Menge von Histamin, Putrescin und Cadaverin während der Lagerung beobachtet (bei 3,5 °C). Während der Wurstreifung nehmen Putrescin, Tyramin und Histamin deutlich zu (starker Anstieg bereits nach 15 Tagen).

Fische sind seit längerer Zeit bekannt, leicht zu verderben, jedoch der Gehalt an Aminen ist heutzutage wesentlich früher nachweisbar. Während Heringe in marinierter Form z. B. etwa gleiche Aminkonzentrationen wie Vollkonserven enthalten sollen, wurden bei Makrelen sehr starke Unterschiede festgestellt. In 8 Proben wurden über 500 mg/kg an Histamin und in weiteren 6 Proben über 200 mg/kg an Cadaverin festgestellt.

Jedoch wird nach Tab. 6 des vorliegenden Buches für geräucherte Makrele leider auch ein Wert von 576 mg Histamin/kg Produkt ausgewiesen. In pflanzlichen Produkten ist der Gehalt an Aminen leider jedoch häufig auch beträchtlich, so z. B. kann man im Sauerkraut mit Werten von 6 bis 200 mg Histamin/kg rechnen. Auch in frischen Früchten, so z. B. in Himbeeren, ist ein Tyramingehalt zwischen 13 bis 92 mg/kg ermittelt worden. Weiterhin enthalten die Zitrusfrüchte eine Vielzahl von Aminen, wobei das Synephrin bei den Zitrusfrüchten die größte Bedeutung hat. Synephrin ist chemisch 1-p-Hydroxyphenyl-2-methylaminoethanol (auch als Kreislaufmittel Sympatol bekannt). So kann man feststellen, daß praktisch alle Amine eine pharmakologische bzw. eine stoffwechselorientierte Bedeutung haben. Somit sind die Unterkapitel *Amine als Ursache von Migräne* sowie *Toxikologie der biogenen Amine* erwünschte Kapitel, auch wenn diese modernen Forschungsgebiete erst in den Anfangsgründen stehen.

Dem Buch ist abschließend ein informatives Sachregister beigeordnet worden.

Diese erfreuliche Neuerscheinung wird nicht nur Studierenden und Forschern der Lebensmittelchemie, der Lebensmitteltechnologie, der Mikrobiologie und der Ernährungswissenschaft sowie der Medizin dienlich sein, sondern sollte auch in der Lebensmittelindustrie und in der Lebensmittelüberwachung weite Verbreitung finden.

H. Bergner

Arch. Anim. Nutr., Berlin 37 (1987) 5, 407–416

Sektion Tierproduktion und Veterinärmedizin der Karl-Marx-Universität Leipzig,
Wissenschaftsbereich Tierernährungsphysiologie und Futtermittelkunde
(Leiter: Prof. Dr. sc. G. GEBHARDT)

F. LIEBERT, H. LE KHAC u. G. GEBHARDT

Ergebnisse zur Wirksamkeit und zum Bedarf an ausgewählten Aminosäuren beim wachsenden weiblichen Schwein

3. Mitteilung

Threonin

1. Einleitung

In Weiterführung des in den vorangegangenen Mitteilungen (LIEBERT u. GEBHARDT 1986, 1987) aufgezeigten methodischen Vorgehens zur Erfassung der Wirksamkeit von Lysin und Methionin/Zystin in ausgewählten Einzelproteinträgern sowie der Nutzung dieser Ergebnisse zur Ableitung leistungsabhängiger Aminosäurebedarfswerte sollte auch Threonin aufgrund seiner Zugehörigkeit zum engsten Kreis der in der Schweineernährung potentiell limitierenden Aminosäuren einbezogen werden.

Hinweise auf eine mögliche Beeintächtigung der Threoninwirksamkeit in nativen Proteinen resultieren aus nicht auszuschließendem nachteiligen Einfluß von Fruktoselysin auf die Threoninresorption (ERBERSDOBLER, 1977) sowie die mögliche Einbeziehung von Threonin in die Bildung von Dehydroalanin unter Hitze und/oder Alkalibehandlung (CUQ u. a., 1974). Unter diesen Bedingungen ist auch eine Einbeziehung in Razemisierungen denkbar (CUQ u. a., 1974; PROVANSAL u. a., 1975). In diesem Zusammenhang liegt die Empfindlichkeit von Threonin deutlich höher als beim Lysin. Untersuchungen, die Hinweise auf den Umfang der zu erwartenden Einschränkung der Threoninwirksamkeit geben können, liegen bisher nicht vor.

2. Methodik

Auf Basis der in der 1. Mitteilung dargelegten methodischen Grundsätze (LIEBERT u. GEBHARDT, 1986) waren die in Tab. 1. zusammengestellten Proteinträger als alleinige Proteinquelle in N-Bilanzmessungen einbezogen. Da für die Ermittlung der Threoninwirksamkeit nicht von originärer Threoninlimitanz in Futterproteinen ausgegangen werden konnte, waren entsprechend der Hinweise auf den zweiten Limitierungsrang von Threonin im Protein von Gerste (WECKE 1976; FULLER u. a. 1979 a, b) insbesondere Lysinvorlagen erforderlich. Um den Limitierungsbereich zu erweitern, wurden zugleich Methionin sowie Tryptophan beim Mais zugelegt (Tab. 1). Für den jeweiligen Limitierungsnachweis wurden Supplementierungsversuche im Rahmen der N-Bilanzmessung durchgeführt. Dabei kamen in den entsprechenden Mischungen durchgängig 4 g DL-Threonin je kg zum Einsatz. In die Untersuchungen waren insgesamt 59 weibliche Schweine des Landrassetyps (35–45 kg Lebendmasse) einbezogen.

Tabelle 1 (Table 1)
Untersuchte Proteinträger, Aminosäurezulagen (g/kg) und Threoninkonzentration (g/16 g N) bzw. N-Gehalt der Mischungen (% d. TS)
[Investigated feed proteins, amino acid supplements (g/kg) and threonine concentration (g/16 g N) resp. nitrogen content of mixtures (% of dry matter)]

		Aminosäurezulagen (Amino acid supplements)				
		L-Lys · HCl[1]	DL-Met[1]	DL-Try[2]	cThr	N
Weizen (Wheat)	(a)	8	2	–	2,71	2,01
	(b)	8	2	–	2,61	2,69
	(c)	8	2	–	3,14	2,29
Gerste (Barley)	(a)	7	2	–	3,57	2,00
	(b)	7	2	–	3,03	2,09
Mais (Maize)	(a)	7	2	2	3,28	1,66
	(b)	7	2	2	3,33	1,68
Roggen (Rye)	(a)	8	3	–	2,98	2,00
	(b)	8	3	–	2,63	2,04
Erdnußextraktionsschrot (Peanut meal)		8	5	–	2,63	2,65

[1] Feed grade
[2] ch. r.

3. Ergebnisse und Diskussion

Die Resultate mit den einbezogenen Einzelproteinträgern (vgl. Tab. 1) sind in Tab. 2 zusammengefaßt. In Abb. 1 sind die Ergebnisse der Threoninsupplementation bei Weizen (a), Gerste (a), Mais (a), Roggen (a) und Erdnußextraktionsschrot ausgewiesen. Dabei ist für alle Proteinträger nach Threoninsupplementation ein signifikan-

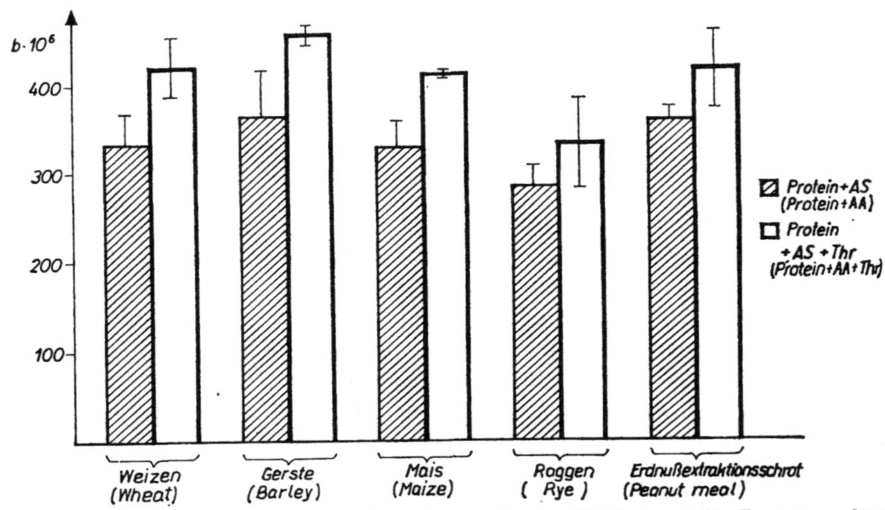

Abb. 1 (Fig. 1). Einfluß von Threoninzulagen (4 g DL-Thr/kg) auf die Proteinqualität (b-Wert bei eingestellter Threoninlimitanz (Influence of threonine supplements (4 g DL-Thr per kg) on protein quality (b-value) in proteins with adjusted limiting of threonine).

Tabelle 2 (Table 2)

N-Bilanzergebnisse und abgeleitete Wirksamkeitskennzahlen für Protein und Threonin (Mittelwerte ± s)
[N-balance results and calculated dates for efficiency of protein and threonine (means ± SD)]

		n	x (mg) $\left(\frac{\text{N-intake}}{\text{LW}_{\text{kg}}^{0.67}}\right)$	y-B (mg) $\left(\frac{\text{N-balance}}{\text{LW}_{\text{kg}}^{0.67}}\right)$	sVQ_N(%) (Apparent digestibility)	RHN (%) $\left(\frac{\text{Urine-N}}{\text{N-intake}}\right)$	b (b-value)	bc^{-1} (Thr-efficiency)	k[1] (Coefficient of Thr-efficiency)	sR (%) (Apparent Thr-digestibility)
Weizen	(a)	5	2136 ± 155	748 ± 126	83,2 ± 1,5	48,3 ± 2,8	335 ± 33	124 ± 12	0,79	79,1
(Wheat)	(b)	8	2964 ± 263	1051 ± 85	87,1 ± 0,8	51,5 ± 2,7	340 ± 23	130 ± 9	0,83	80,2
	(c)	5	2467 ± 310	891 ± 135	85,6 ± 2,0	49,5 ± 3,1	342 ± 28	109 ± 9	0,69	82,9
Gerste	(a)	3	2013 ± 107	778 ± 167	72,8 ± 2,9	34,3 ± 8,4	368 ± 55	103 ± 15	0,66	68,8
(Barley)	(b)	4	2596 ± 119	935 ± 98	75,3 ± 1,5	39,3 ± 3,3	340 ± 25	112 ± 8	0,71	69,9
Mais	(a)	3	1753 ± 82	575 ± 44	77,6 ± 1,0	44,6 ± 3,6	331 ± 31	101 ± 9	0,64	73,6
(Maize)	(b)	4	1918 ± 71	643 ± 68	82,3 ± 1,7	48,8 ± 2,7	328 ± 16	98 ± 5	0,62	75,2
Roggen	(a)	3	1922 ± 146	537 ± 113	75,7 ± 1,7	47,9 ± 4,2	286 ± 22	96 ± 7	0,61	65,3
(Rye)	(b)	4	2290 ± 202	586 ± 43	78,1 ± 1,2	52,4 ± 1,6	257 ± 18	98 ± 7	0,62	63,5
Erdnußextraktionsschrot (Peanut meal)		3	2539 ± 137	966 ± 15	88,3 ± 1,0	50,1 ± 2,0	360 ± 14	137 ± 5	0,87	80,3

[1] bc^{-1}_{Thr}-Standard = 157 (Weizenkleber lysinergänzt)
(Standard value = 157 for wheat gluten with lysine supplementation)

ter Anstieg der b-Werte als Ausdruck gesteigerter Proteinqualität nachweisbar (Weizen, Gerste und Mais $p \leqq 0{,}001$; Roggen und Erdnußextraktionsschrot $p \leqq 0{,}05$), so daß die in Tab. 2 vorgenommene Ableitung von Threoninwirksamkeitsaussagen als zulässig eingestuft werden kann.

Dabei zeigt sich für Weizen, daß bei nahezu übereinstimmender Proteinqualität zwischen den Chargen (a), (b) und (c) die erzielten b-Werte unterschiedlichen Threoninkonzentrationen (vgl. Tab. 1) zugeordnet werden müssen. Dementsprechend resultiert eine Differenzierung der Threoninwirksamkeit (bc^{-1}-Werte), die Weizen (c) bezüglich dieses Parameters im Bereich von Gerste (a) (b) einordnet. Die auf Basis von Kotanalysen abgeleiteten Kennzahlen sVQ_N und sR_{Thr} ergeben in diesem Zusammenhang keinen Hinweis.

Deutlich wird zugleich, daß für den in Charge (c) vorliegenden höheren Threoningehalt bei Berechnung der wirksamen Threoninkonzentration c_w nach $c_w = c \cdot k$ eine Kompensation erfolgt. Auf dieser Berechnungsebene bleibt es dementsprechend sekundär, ob tatsächlich eine Wirksamkeitseinschränkung oder eine analytische Fehleinschätzung des Threoningehaltes im Protein vorliegt. Sowohl die bc^{-1}- als auch k-Werte beinhalten diese Fehlermöglichkeit und ordnen sie entsprechenden Veränderungen der Threoninwirksamkeit zu. Damit ist aus prinzipieller Sicht über die Berechnung von c_w eine erhöhte Sicherheit gegeben, zugleich aber die Ermittlung von Aminosäurewirksamkeitskoeffizienten k als futtermittelkundliche Kennzahl keinesfalls in Frage gestellt.

Eine sehr geringe Differenzierung der Ergebnisse zwischen den Chargen liegt für Mais und Roggen vor. Im Gegensatz zu den Befunden beim Lysin (vgl. LIEBERT u. GEBHARDT, 1986) ist auch eine Wirksamkeitsdifferenzierung von Threonin zwischen Mais und Roggen kaum vorhanden. Erdnußextraktionsschrot weist im Gegensatz zu den Ergebnissen mit Erdnußexpellern für Lysin (vgl. LIEBERT und GEBHARDT, 1986) ein relativ hohes Niveau von k_{Thr} auf. Da keine Identität der Ausgangsmaterialien vorliegt, ist eine weitergehende Interpretation dieses Befundes nicht möglich. Grundsätzlich wird jedoch die Notwendigkeit unterstrichen, in weiterzuführenden Untersuchungen die Testung mehrerer Aminosäuren ein und desselben Proteinträgers einzubeziehen, um den möglichen Differenzierungsgrad zu erfassen.

In Verbindung mit der vorgenommenen Threoninsupplementation in ausgewählten Proteinträgerchargen (vgl. Abb. 1) resultiert zugleich die Frage nach möglichen Aussagen über die Wirksamkeit des verwendeten Supplements. Dabei wurde grundsätzlich von einem Anteil der L-Aminosäure in Höhe von 49 % des Razemates ausgegangen und der in Abb. 2 ausgewiesenen Threoninkonzentration (c_{Thr}) zugrundegelegt. Dabei weist die Beziehung zum b-Wert, entsprechend des zu erwartenden engen Limitierungsbereiches für Threonin, auf eine Limitierungsbereichsüberschreitung durch die gewählte Zulagehöhe hin, so daß entsprechend o. g. Fragestellung keine Aussagefähigkeit hinsichtlich der Wirksamkeit von synthetischem Threonin besteht.

Eine Einordnung der Thr-limitierenden Proteine auf Grundlage der Gehaltswerte an wirksamer Aminosäure ist in Abb. 3. vorgenommen. Rangfolgeverschiebungen ergeben sich auf dieser Basis im Vergleich zum analysiert Threoningehalt insbesondere für Roggen und Erdnußextraktionsschrot, die Unterschiede zwischen den Weizenchargen werden weitgehend aufgehoben.

Bei der Berechnung von Threoninbedarfswerten wurde von den in der 1. Mitt. (LIEBERT u. GEBHARDT, 1986) dargelegten Grundsätzen ausgegangen (Tab. 3 und 4).

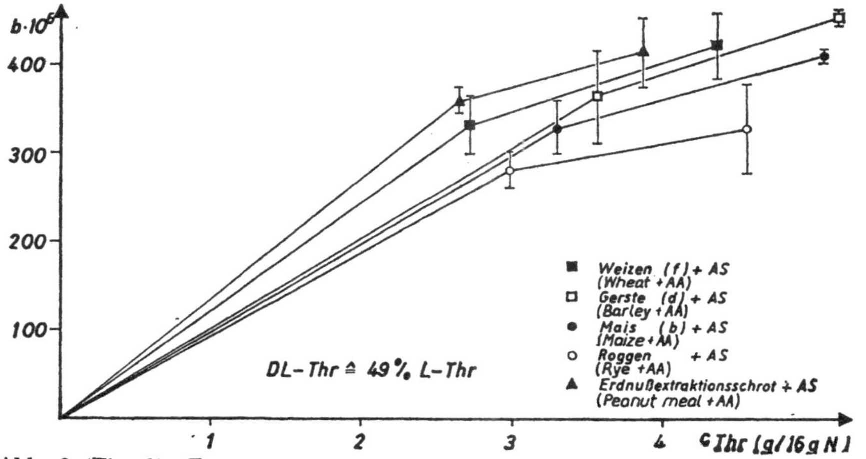

Abb. 2 (Fig. 2). Zusammenhang zwischen Threoninkonzentration und Proteinqualität (b-Wert) Threonin limitierter Proteinträger ohne bzw. mit Supplementation von DL-Threonin (Relation between concentrations of threonine and protein quality (b-value) in threonine limiting proteins without resp. with supplementation of DL-threonine).

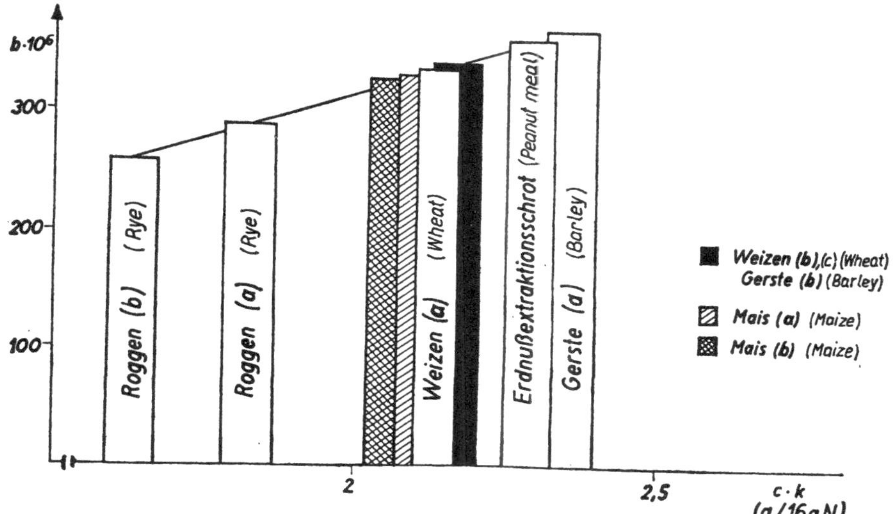

Abb. 3 (Fig. 3). Proteinqualität (b-Wert) Threonin limitierter Proteinträger in Abhängigkeit vom Gehalt an wirksamer Aminosäure ($c \cdot k$) (Protein quality (b-value) of threonine limiting proteins in dependence on content of effective amino acid ($c \cdot k$).

Mit Ausnahme der Ergebnisse von Erdnußextraktionsschrot entsprechen die ausgewiesenen Bedarfswerte einer Threoninwirksamkeit von Getreideprotein. Dementsprechend ist bemerkenswert, daß für Threonin ein im Vergleich zu Lysin (LIEBERT u. GEBHARDT, 1986) geringerer Wirkungskoeffizient in den untersuchten Getreidechargen vorliegt. In welchem Umfang dabei mit der für diese Aminosäuren vorgenommenen Wahl von $bc^{-1}_{\text{Standard}}$ als Ausdruck der bisher gefundenen maximalen Wirksamkeit Unzulänglichkeiten vorliegen, muß noch offen bleiben.

Tabelle 3 (Table 3)

Leistungsabhängiger Thr-Bedarf je $LM_{kg}^{0,67}$ (mg/Tag) bei unterschiedlichen Thr-Wirkungskoeffizienten

[Performance dependent threonine requirement per $LW_{kg}^{0.67}$ (mg/day) in relation to different threonine efficiency]

Ausschöpfungsgrad von C (%)[1] (Percentage of maximum protein gain)[1]	k_{Thr} (Coefficient of threonine efficiency)	50	70	90
Weizen (Wheat)	0,77	479	745 (689 ... 821)	1316
Gerste (Barley)	0,68	537	834 (799 ... 869)	1474
Mais (Maize)	0,63	576	895 (886 ... 913)	1582
Roggen (Rye)	0,61	595	925 (913 ... 932)	1634
Erdnußextraktionsschrot (Peanut meal)	0,87	421	654	1156
Mittelwert (Mean)	0,71	522	811	1432
wirksames Threonin (Effective threonine)		374	581	1027

[1] entsprechend 70; 100; 130 g täglichem Proteinansatz bei 40 kg Lebendmasse bei C = 1950 mg (Corresponding to 70; 100; 130 g daily protein gain for 40 kg live weight (C = 1950 mg))

Tabelle 4 (Table 4)

Threoninbedarf (g/Tag) für 100 g täglichen Proteinansatz bei 40 kg Lebendmasse in Abhängigkeit von der Threoninwirksamkeit

[Threonine requirement (g/day) for 100 g daily protein gain in dependence on threonine efficiency (LW 40 kg)]

Weizen (Wheat)	8,8
Gerste (Barley)	9,9
Mais (Maize)	10,6
Roggen (Rye)	10,95
Erdnußextraktionsschrot (Peanut meal)	7,7
Mittelwert (Mean)	9,6
wirksames Threonin (Effective threonine)	6,9

In Abb. 4 ist der Verlauf des leistungsabhängigen Threoninbedarfs bei Standardwirksamkeit bzw. Threoninwirksamkeit von Roggen durch die entsprechenden Bedarfskurven charakterisiert und verdeutlicht das Ausmaß möglicher Fehleinschätzung des Threoninbedarfes einschl. erreichter Bedarfsdeckung bei Nichtbeachtung der Threoninwirksamkeit. Zugleich liegen für die auf den wirksamen Aminosäureanteil

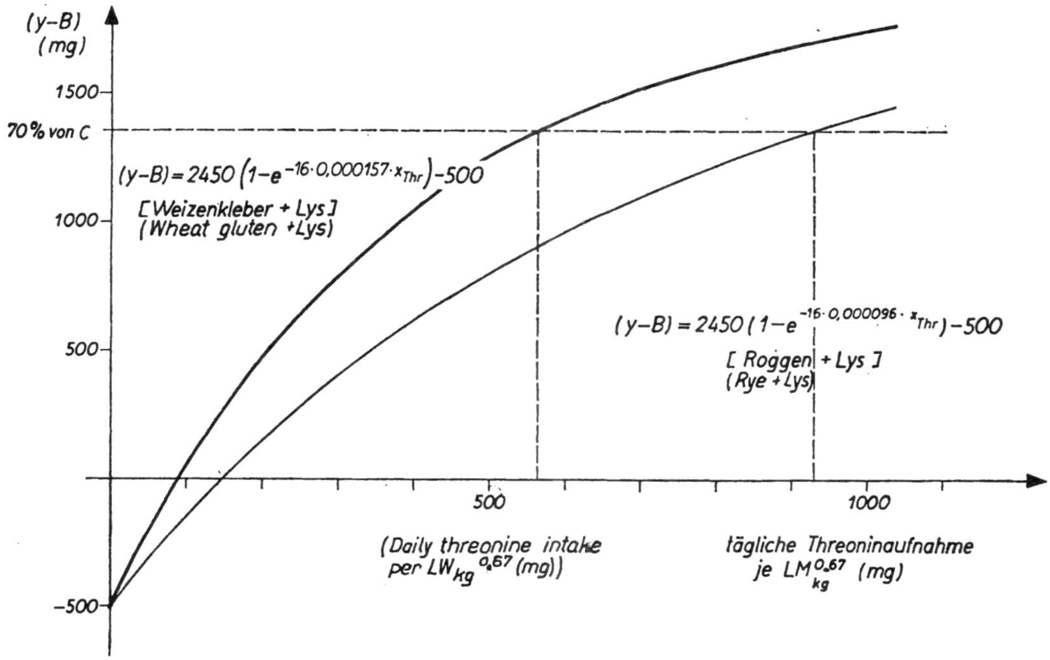

Abb. 4 (Fig. 4). Threoninbedarfskurven bei differenzierter Threoninwirksamkeit (Curves of threonine need with different efficiency of threonine).

Tabelle 5 (Table 5)
Aminosäurenverhältnisse des ‚Idealproteins' für wachsende Schweine
(Amino acid ratios of ‚ideal protein' for growing pigs)

		Lysin (Lysine)	:	Methionin/ Cystin (Methionine/ cystine)	:	Threonin (Threonine)
ARC (1967)		1		0,71	:	0,61
NRC (1979, zit. COLE u. a. 1980)		1	:	0,66	:	0,64
HENRY u. a. (1980)		1	:	0,60	:	0,58
ARC (1981)		1	:	0,50	:	0,60
FULLER u. a. 1983)		1	:	0,50	:	0,60
WIESEMÜLLER (1984)		1	:	0,65	:	0,65
MOUGHAN u. SMITH (1984)		1	:	0,54	:	0,59
vorliegende Ergebnisse (Own results)	(brutto) (Brutto)	1	:	0,60	:	0,72
	wirksam (Effective)	1		0,58		0,63

bezogenen Angaben gegenwärtig keine Vergleichswerte in der Literatur vor. Andererseits ist auch die Vergleichbarkeit mit den bisherigen Angaben zum Threoninbedarf auf der Ebene des analytisch ermittelten Threoningehaltes (Bruttoaminosäure) nicht unproblematisch, da zumeist kein ausreichender Bezug zur Leistung vorliegt. Dabei dominieren Konzentrationsangaben im Futter (ARC, 1967; HENRY u. RERAT, 1970; SOWERS u. MEADE, 1972; LOUGNON u. BRETTE, 1971; TAYLOR u. a., 1982; COHEN u. TANKSLEY, 1977; HENRY, 1980) bzw. relative Konzentrationsverhältnisse in Beziehung zu Lysin und Methionin/Zystin (NRC, 1977, zit. COLE u. a., 1980; COLE, 1980; HENRY, 1980; ARC, 1981; MOUGHAN u. SMITH, 1984). Da Konzentrationsgaben ohne verbindliche Aussagen zur Futteraufnahme keine vergleichbaren Resultate liefern (z. B. BATTERHAM u. a., 1985), wird, eingeordnet in das Konzept ‚Idealprotein' (Übersicht MOUGHAN u. SMITH, 1984), einer Diskussion relativer Aminosäureverhältnisse der Vorrang gegeben (Tab. 5). COLE u. a. (1980) gehen davon aus, daß dieses Idealproteinkonzept für Schweine unterschiedlicher Nutzungsrichtungen gleichermaßen zutrifft, so daß ein erhöhter Verallgemeinerungsgrad der Aussagen möglich erscheint. Im Vergleich zu den gültigen DDR-Bedarfsnormen (z. B. WIESEMÜLLER, 1984) erfolgte auf Grundlage der vorliegenden Ergebnisse eine geringere Einstufung des erforderlichen Methionin/Zystin Anteils in Relation zum Lysin. Einen noch niedrigeren relativen Anteil der S-haltigen Aminosäuren weisen Ergebnisse von MOUGHAN u. SMITH (1984) sowie ARC (1981) aus. Die höchste Bewertung des relativen Threoninanteils auf Basis der Bruttoaminosäure korrespondiert mit der im Mittel aller einbezogenen Proteinträger beobachteten und bereits diskutierten relativ niedrigen Threoninwirksamkeit. Dementsprechend erfolgt eine gute Einordnung der Ergebnisse auf Grundlage des wirksamen Threoninanteils. Vergleichswerte für diese Betrachtungsweise liegen bisher noch nicht vor und erschweren deshalb die Einordnung der Ergebnisse (Tab. 3, 4). Insgesamt ist jedoch festzustellen, daß für die erarbeiteten Bedarfswerte auf Basis des Bruttoaminosäuregehaltes keine grundsätzlichen Abweichungen zu gültigen Angaben bestehen. Diese Einschätzung gilt auch für den relativen Threoninanteil, da die vorliegenden Ergebnisse weitestgehend die Threoninwirksamkeit von Getreideprotein repräsentieren, d. h. Proteinkonzentrate, mit Ausnahme von Erdnußextraktionsschrot, mit zu erwartender höherer Threoninwirksamkeit noch nicht geprüft wurden. Damit darf das gewählte Vorgehen zur Beurteilung der Wirksamkeit der jeweils limitierenden Aminosäure in Futterproteinen und der Berücksichtigung der beobachteten proteinträgerspezifischene Aminosäurewirkungskoeffizienten bei der Bedarfsableitung, dargestellt für Lysin (LIEBERT u. GEBHARDT, 1986 a), Methionin/Zystin (LIEBERT u. GEBHARDT, 1986 b) und Threonin als wesentlicher Ansatzpunkt zur Qualifizierung von Bedarf und Bedarfsdeckung gewertet werden. Entscheidend bleibt jedoch die Frage nach dem Verhalten der ermittelten Parameter der Aminosäurequalitätsbeurteilung in Kombinationen von Einzelproteinträgern. Diesem Problem soll in folgenden Mitteilungen nachgegangen werden.

Zusammenfassung

Unter Nutzung des N-Verwertungsmodells von GEBHARDT (1963) und seiner Weiterentwicklung wurden an insgesamt 59 weiblichen Schweinen des Landrassetyps (35 bis 45 kg Lebendmasse) die Threoninwirksamkeitskoeffizienten (k_{Thr}) von Weizen, Gerste,

Mais, Roggen und Erdnußextraktionsschrot unterschiedlicher Chargen bei Vorlage von L-Lysinmonohydrochlorid, DL-Methionin bzw. DL-Tryptophan mit Hilfe der N-Bilanztechnik ermittelt. Die Variationsbreite von k_{Thr} lag im Bereich von 0,61 ... 0,87 bei Zugrundelegung einer Thr-Wirksamkeit von Weizenkleber mit Lysinergänzung als Standard. Der abgeleitete Threoninbedarf für 100 g täglichen Proteinansatz bei einer Lebendmasse von 40 kg wurde mit 6,9 g ($k_{Thr}=1$) bzw. 9,6 g ($k_{Thr}=0,71$ als Mittelwert der untersuchten Proteinträger) ermittelt. Der Nachweis der Threoninlimitanz in den Proteinträgern erfolgte durch Supplementation von DL-Threonin.

Резюме

Ф. Либерт, Х. ле Кац и Г. Гебхардт

Результаты по воздействию и потребности избранных аминокислот у растущей свиноматки. 3-ье сообщ.: Треонин

С помошью модели исльпользования N Гебхардта (1963) и ей модифицирования проводились опыты для изучения баланса N на всего 59♀ свиньях породы (типа) Ландрас (35–45 кг живой массы) для определения коэффициентов действующего влияния ($к_{тре}$) пшеницы, ячменя, кукурузы, ржа и арахисового шрота различных проб при применении L-лизиномоногидрохлорида, DL-метионина или DL-триптофана. Пределы $к_{тре}$ варинровали от 0,61 ... 0,87 при основании действительности треонина от пшеничной клейковины с добавкой лизином в качестве стандарта. Вычислены 6,9 г ($к_{тре}=1$) или 9,6 г ($к_{тре}=0,71$ как среднее данное исследуемого протеинового источника) как потребность в треонине для 100 г суточного отложения протеина при 40 кг живой массы. Доказательство лимитирования треонина в протеиновых источинках определилось с помощью добавления DL-треонина.

Summary

F. Liebert, H. le Khac and G. Gebhardt

Results of studies on the efficiency and the requirement of selected amino acids in growing female pigs. 3. Threonine

With the help of an N utilization model by Gebhardt (1963) and its further development the threonine efficiency coefficients (k_{Thr}) of wheat, barley, maize, rye and peanut oilmeal of different charges with a supply of L-lysine monohydrochloride, DL-methionine and DL-tryptophan was ascertained with a total of 59 female pigs of the local breed (35–45 kg live weight) by means of an N balance method. The variation range of k_{Thr} was between 0.61 and 0.87 based on a threonine effectivity of wheat gluten with lysine as standard. The derived threonine requirement for 100 g daily protein retention with a live weight of 40 kg was ascertained as 6.9 g ($k_{Thr}=1$) and 9.6 kg ($k_{Thr}=0.71$ as mean values of the protein sources studied). The proof of threonine limitation in the protein sources was provided by the supplementation of DL threonine.

Literaturverzeichnis

[1] ARC: Agric. Res. Council: The nutrient requirements of farmlivestock. Pigs Techn. rev. summ., London 1967

[2] ARC: Agric. Res. Council: The nutrient requirements of pigs, Commonwealth Agric. Bureaux, Slough (1981)

[3] BATTERHAM, E. S., L. R. GILES und E. B. DETTMANN: Anim. Prod. 40, **331** (1985)

[4] COHEN, R. S. und T. D. TANKSLEY: J. Anim. Sci. 45, **1079** (1977)

[5] COLE, D. J. A.: Pig News Inform. 1, **201** (1980)

[6] COLE, D. J. A., H. T. YEN und D. LEWIS: Proc. 3. EAAP-Symp. on Protein Metab. Nutr., Braunschweig, 69 (1980)

[7] CUQ, J. L., M. PROVANSAL, C. CHEFTEL, L. CHARTIER und P. BESANCON: Proc. IV. Int. Congr. Food Sci. Technol. vol. I, 578 (1974)

[8] ERBERSDOBLER, H. F.: in „Protein crosslinking-nutritional and medical consequences“ (Mendel Friedman ed,) Plenum Publ. Corp. 367, (1977)

[9] FULLER, M. F., R. M. LIVINGSTONE, B. A. BAIRD und T. ATKINSON: Brit. J. Nutr. **41**, 312 (1979 a)

[10] FULLER, M. F., I. MENRIE und R. M. J. CROFTS: Brit. J. Nutr. **41**, 333 (1979 b)

[11] HENRY, Y. und A. RERAT: Ann. Zootechn. 19, **488** (1970)

[12] HENRY, Y.: Proc. 3. EAAP-Symp. on Protein Metab. Nutr., Braunschweig, 68 (1980)

[13] LIEBERT, F. und G. GEBHARDT: Arch. Tierernähr. **36**, 1077 (1986)

[14] LIEBERT, F. und G. GEBHARDT: Arch. Tierernähr. **37**, 159 (1987)

[15] LOUGNON, J. und A. BRETTE: Proc. French Swine Res. Days Paris, 17 (1971)

[16] MOUGHAN, P. J. und W. C. SMITH: New Zealand J. Agric. Res. 27, **341** (1984)

[17] PROVANSAL, M., J. L. CUQ und C. CHEFTEL: J. agric. Food Chem. 938, **23** (1975)

[18] SOWERS, J. E. und R. J. MEADE: J. Anim. Sci. 35, **224** (1972)

[19] TAYLOR, S. J., D. J. A. COLE und D. LEWIS: Anim. Prod. 34, **1** (1982)

[20] WECKE, Ch.: Zusammenhänge zwischen Aminosäureversorgung und Stickstoffverwertung, verbunden mit der Ableitung leistungsabhängiger Aminosäurenbedarfswerte für wachsende Börge (25–65 kg Lebendmasse) aus Ergebnissen von N-Bilanzversuchen Diss. (Prom. A), Karl-Marx-Universität Leipzig (1976)

[21] WIESEMÜLLER, W.: Übers. Tierernähr. 12, **85** (1984)

Eingegangen: 19. Juli 1986

Anschrift der Autoren

Dr. F. LIEBERT, Dr. H. LE KHAC und Prof. Dr. sc. G. GEBHARDT
Karl-Marx-Universität
Sektion Tierproduktion und Veterinärmedizin
Wissenschaftsbereich Tierernährungsphysiologie und Futtermittelkunde
Gustav-Kühn-Str. 8
Leipzig
DDR - 7022

Arch. Anim. Nutr., Berlin 37 (1987) 5, 417–427

Sektion Tierproduktion der Wilhelm-Pieck-Universität Rostock,
Wissenschaftsbereich Tierernährung
(Leiter: Prof. Dr. sc. agr. S. POPPE)[2]
Instituto de Ciencia Animal Habana
(Direktor: Dr. Arabel ELIAS)[1]

M. VALDIVIE[1] und S. POPPE[2]

Untersuchungen zur Energie- und Proteinkonzentration von Broilerrationen in Kuba

3. Mitteilung

Männliche Broiler im Sommer

1. Einleitung

Die vorliegenden Untersuchungen mit männlichen Broilern der Rasse White Phymouth Rock wurden durchgeführt, um die günstigsten Energie- und Proteinkonzentrationen der Rationen für diese Tiere unter den klimatischen Bedingungen des kubanischen Sommers zu ermitteln. Außerdem sollte das Verhalten der männlichen Tiere im Winter, wie es von VALDIVIE u. a. (1986) beschrieben wird, mit den Ergebnissen aus den Versuchen im Sommer verglichen werden, um mögliche jahreszeitliche Effekte auf das Verhalten der Broiler der Rasse White Phymouth Rock in Kuba zu ermitteln.

2. Material und Methoden

Mit insgesamt 1900 männlichen Broilern der Rasse White Plymouth Rock wurden in den ersten 56 Lebenstagen in 16 Versuchsgruppen vier Energiekonzentrationen (10,5; 11,5; 12,6 und 13,6 MJ UE/kg und vier Rohproteinkonzentrationen (15,0; 17,5; 20,0

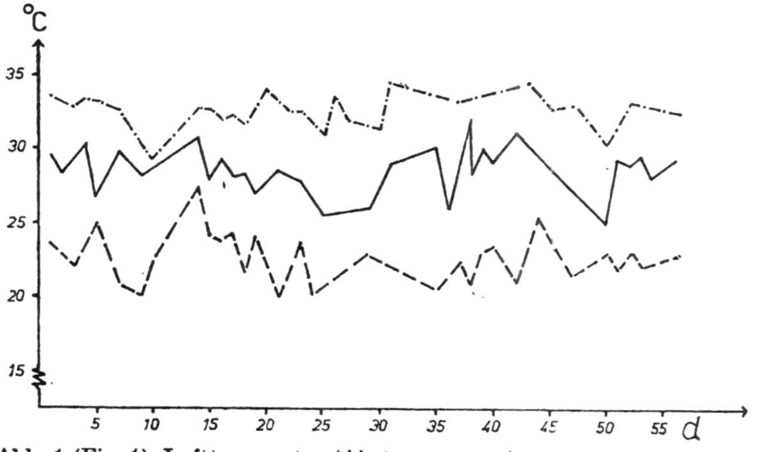

Abb. 1 (Fig. 1). Lufttemperatur (Air temperature)
–·– maximale Temperatur (Maximal temperature)
——— mittlere Temperatur (Medium temperature)
– – – minimale Temperatur (Minimal temperature)

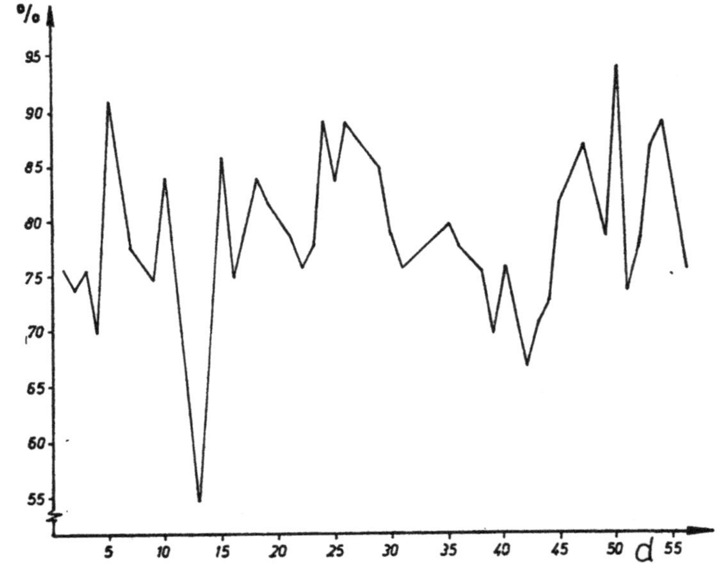

Abb. 2 (Fig. 2). Relative Luftfeuchtigkeit (Relative humidity)

und 22,5 % RP)* getestet. Die Tiere wurden in Käfigen gehalten und waren ab 15. Lebenstag den natürlichen Sommertemperaturen in Kuba direkt ausgesetzt (vgl. Abb. 1 u. 2). Da jede Versuchsgruppe mit 6 Wiederholungen durchgeführt wurde, konnten die Ergebnisse varianzanalytisch verrechnet werden Weitere methodische Einzelheiten sind der 1. Mitt. (VALDIVIE u. a., 1986) zu entnehmen.

3. Versuchsergebnisse

3.1. Gesundheitszustand der Versuchstiere

Die Tiere zeigten während des Versuches keinerlei Krankheitssymptome. Die Versuchsgruppe mit 10,5 MJ UE und 15 % RP verursachte eine unzureichende Befiederung der Tiere. Tierverluste traten während des Versuches kaum auf, sie schwankten zwischen 0 und 2 Tieren je Versuchsgruppe und waren nicht gerichtet.

3.2. Futterverzehr

Die Mittelwerte für den Futterverzehr im gesamten Versuch sind in Tab. 1 dargestellt.

Die Rationen mit 10,5 MJ UE und 20 bzw. 22,5 % RP stimulierten den Futterverzehr der Broiler. Die klassische negative Beziehung zwischen Energiekonzentration der Ration und dem Futterverzehr konnte bei den Gruppen mit isoenergetischen Rationen mit 15 und 17,5 % RP nicht gefunden werden.

* Aus technischen Gründen (bei der Herstellung der Futtermischungen) konnten die Kombinationen mit 12,6 MJ UE und 20 % bezw. 22,5 % RP nicht geprüft werden.

Tabelle 1 (Table 1)
Futterverzehr vom 1.–56. Lebenstag (g)
(Feed intake from the 1st to 56th day of life, g)

RP (%) (CP, %) UE (ME)/kg	15,0	17,5	20	22,5
10,5 MJ	3251 bcdef	3269 cdef	3463 gh	3576 h
11,5 MJ	3212 bcde	3426 fgh	–	–
12,6 MJ	3151 bcd	3175 bcd	3423 fgh	3373 efg
13,6 MJ	3108 bc	3319 defg	3222 bcde	3213 bcde
	SE ±58	$P<0{,}001$*		

* Varianzanalytische Berechnung
(Variance analytically calculation)

3.3. Energieaufnahme

In Tab. 2 ist die Energieaufnahme vom 1.–56. Lebenstag dargestellt.

Tabelle 2 (Table 2)
Energieaufnahme vom 1.–56. Lebenstag (MJ UE/Tier)
(Energy intake from the 1st to 56th day of life, MJ ME/animal)

RP (%) (CP, %) UE (ME)/kg	15,0	17,5	20,0	22,5
10,5 MJ	34,50 g	34,58 fg	36,25 def	37,43 d
11,5 MJ	36,98 de	39,45 c	–	–
12,6 MJ	39,48 c	39,88 c	42,38 b	42,79 b
13,6 MJ	42,31 b	44,39 a	43,84 ab	43,82 ab
	SE ±0,67	$P<0{,}05$		

Aus Tab. 2 ist zu ersehen, daß mit der Erhöhung der Energiekonzentration in isonitrogenen Rationen signifikant der Energieverzehr ansteigt. Ebenfalls konnte in der Tendenz bei isoenergetischen Rationen mit 10,5; 11,5 und 13,6 MJ UE mit steigender Rohproteinkonzentration eine Erhöhung des Energieverzehrs ermittelt werden.

3.4. Rohproteinaufnahme

In Tab. 3 ist der Rohproteinverzehr vom 1.–56. Lebenstag dargestellt.

Der Rohproteinverzehr erhöhte sich signifikant, wenn die Proteinkonzentration der Ration gesteigert wurde. Dieser Befund konnte auch in den vorhergegangenen Versuchen dieser Serie gemacht werden.

Tabelle 3 (Table 3)
Proteinverzehr vom 1.–56. Lebenstag (g/Tier)
(Protein intake from the 1st to 56th day of life, g/animal)

RP (%) (CP, %) UE (ME)/kg	15,0	17,5	20,0	22,5
10,5 MJ	488 a	572 bc	693 e	795 g
11,5 MJ	482 a	600	–	–
12,6 MJ	473 a	556 b	685 e	775 g
13,6 MJ	466 a	581 bc	644 d	723 f
	$SE \pm 10$	$P < 0{,}001$		

3.5. Lebendmasse und Lebendmassezunahme

In Tab. 4 sind die Lebendmasse der Versuchstiere am 28. Lebenstag dargestellt.

Tabelle 4 (Table 4)
Lebendmasse am 28. Versuchstag (g/Tier)
(Live weight at the 28th experimental day, g/animal)

RP (%) (CP, %) UE (ME)/kg	15,0	17,5	20,0	22,5
10,5 MJ	394 c	455 cd	486 de	549 gh
11,5 MJ	390 a	526 fg	–	–
12,6 MJ	397 a	488 def	556 gh	576 h
13,6 MJ	395 a	517 efg	516 efg	537 gh
	$SE \pm 6{,}3$	$P < 0{,}001$		

Wie aus Tab. 4 zu ersehen ist, werden die höchsten Zunahmen mit der jeweils höchsten Rohproteinkonzentration erreicht. Eine Ausnahme bilden hierbei die Rationen mit einer Energiekonzentration von 12,6 MJ UE, wie dies schon mit 20 % Rohprotein möglich ist, weil zwischen beiden Rohproteinstufen (20 und 22,5 % RP) keine signifikanten Unterschiede auftreten. Die niedrigsten Lebendmassen sind beim Rohproteinniveau von 15 % zu finden, unabhängig von der Energiekonzentration der Ration. In Tab. 5 sind die Lebendmassezunahmen im 2. Mastabschnitt dargestellt.

Tabelle 5 (Table 5)
Lebendmassezunahme vom 29.–56. Lebenstag (g/Tier)
(Weight gain from the 29th to 56th day of life, g/animal)

RP (%) (CP, %) UE (ME)/kg	15,0	17,5	20,0	22,5
10,5 MJ	718 ab	713 ab	891 e	857 def
11,5 MJ	694 a	804 cdf	–	–
12,6 MJ	760 abc	777 bc	911 e	897 e
13,6 MJ	772 abc	893 e	887 fe	917 e
	$SE \pm 13$	$P < 0{,}01$		

In diesem Mastabschnitt treten zwischen den Rationen mit 20 bzw. 22,5 % Rohprotein keine signifikanten Unterschiede bei den verschiedenen Energieniveaus auf. Beim Energieniveau 13,6 MJ UE ist es möglich, schon mit 17,5 % Rohprotein in der Ration Zunahmen zu erreichen, die sich nicht signifikant von den höheren Zunahmen unterscheiden. Diese Resultate zeigen deutlich die Möglichkeit der Reduzierung der Rohproteinkonzentration in den Rationen für die neuen kubanischen Broiler im 2. Mastabschnitt ohne die Lebendmassezunahme negativ zu beeinflussen.

Die Lebendmasse der Versuchstiere am Versuchsende ist in Tab. 6 dargestellt. Aus Tab. 6 ist zu erkennen, daß es möglich ist, hohe Lebendmassen mit einer einphasischen Fütterung zu erreichen, wenn die Energiekonzentration zwischen 10,5 und 13,6 MJ UE schwankt und Rohproteinkonzentrationen von 20 bzw. 22,5 % benutzt werden. Beim höchsten Energieniveau kann dieser Effekt schon mit 17,5 % Rohprotein erreicht werden.

Tabelle 6 (Table 6)
Lebendmasse am 56. Lebenstag (g/Tier)
(Live weight at the 56th day of life, g/animal)

RP (%) (CP, %) UE (ME)/kg	15,0	17,5	20,0	22,5
10,5 MJ	1144 a	1199 abc	1409 efg	1439 fg
11,5 MJ	1116 a	1363 def	–	–
12,6 MJ	1189 ab	1296 cde	1497 g	1506 g
13,6 MJ	1207 abc	1438 fg	1435 fg	1490 g
	$SE \pm 32$	$P < 0,001$		

3.6. Futteraufwand

Der Futteraufwand für den gesamten Mastabschnitt ist in Tab. 7 dargestellt.

Es ist die Tendenz zu erkennen, daß innerhalb der einzelnen Energieniveaus mit steigender Proteinkonzentration der Futteraufwand reduziert wird. Ebenso vermindert sich der Futteraufwand innerhalb der einzelnen Proteinstufen mit steigendem Energieniveau.

Tabelle 7 (Table 7)
Futteraufwand vom 1.–56. Lebenstag (kg Futter/kg LM-Zunahme)
(Feed efficiency from the 1st to 56th day of life, kg feed/kg LW gain)

RP (%) (CP, %) UE (ME)/kg	15,0	17,5	20	22,5
10,5 MJ	2,93 ab	2,80 bc	2,51 efg	2,54 efg
11,5 MJ	2,99 a	2,58 def	–	–
12,6 MJ	2,73 cd	2,51 efg	2,34 ghi	2,31 hi
13,6 MJ	2,65 cde	2,37 ghi	2,29 hi	2,29 i
	$SE \pm 0,06$	$P < 0,05$		

3.7. Schlachtmassenausbeute und Abdominalfett

Die Schlachtmassenausbeute am 56. Lebenstag schwankte zwischen 69 und 72 %. In Tab. 8 sind die Mittelwerte der einzelnen Versuchsgruppen dargestellt.

Tabelle 8 (Table 8)
Schlachtmassenausbeute am 56. Lebenstag (%)
(Carcass yield at the 56th day of life, %)

RP (%) (CP, %) UE (ME)/kg	15,0	17,5	20,0	22,5
10,5 MJ	71	72	71	72
11,5 MJ	69	76	–	–
12,6 MJ	71	71	72	72
13,6 MJ	71	72	72	71
	SE ±7	*P* < 0,01		

Die Mittelwerte der einzelnen Gruppen liegen sehr eng zusammen. Die Differenzen zwischen den Gruppen sind nur mit $P < 0{,}1$ gesichert, so daß signifikante und gerichtete Unterschiede hier nicht auftraten.

Den höchsten Abdominalfettgehalt wiesen die Gruppen mit der höchsten Energiekonzentration (13,6 MJ UE) auf, dabei speziell die Gruppen mit 15 bzw. 17,5 % RP. Geringe Abdominalfettmengen sind bei den Gruppen mit niedriger Energiekonzentration zu finden, besonders bei den Gruppen mit 20 bzw. 22,5 % RP. Die mittleren Abdominalfettmengen sind in Tabelle 9 dargestellt.

Tabelle 9 (Table 9)
Abdominalfett am 56. Lebenstag (g/Tier)
(Abdominal fat at the 56th day of life, g/animal)

RP (%) (CP, %) UE (ME)/kg	15,0	17,5	20,0	22,5
10,5 MJ	15 def	11 efg	10 fg	7 g
11,5 MJ	16 def	18 cde	–	–
12,6 MJ	18 cde	19 bcd	13 defg	13 defg
13,6 MJ	26 ab	30 a	18 cde	22 bc
	SE ±2	*P* < 0,05		

Aus Tab. 9 ist ersichtlich, daß bei einer Erhöhung der Energiekonzentration und/oder einer Senkung des Rohproteinniveaus in der Ration die Abdominalfettmenge ansteigt. In diesem Experiment wurden bei einigen Gruppen sehr niedrige Abdominalfettmengen (von 6 bis 16 g) gefunden.

3.8. Körperprotein

Die Körperproteinmengen der Tiere am Versuchsende sind in der Tab. 10 dargestellt.

Am Versuchsende wurden die niedrigsten Körperproteinmengen beim Proteinniveau von 15 % RP erreicht. Die höchsten Körperproteinmengen wurden beim Rohprotein-

Tabelle 10 (Table 10)
Körperproteinmenge am 56. Lebenstag (g/Tier)
(Amount of body protein at the 56th day of life, g/animal)

RP (%) (CP, %) UE (ME)/kg	15,0	17,5	20,0	22,5
10,5 MJ	188 g	210 ef	242 cd	258 abc
11,5 MJ	193 fg	242 cd	–	–
12,6 MJ	209 f	230 d	264 ab	272 a
13,6 MJ	211 ef	248 bc	258 abc	261 ab
	$SE \pm 0,2$	$P < 0,05$		

niveau von 22,5 % und bei den Rationen mit 20 % RP und 12,6 bzw. 13,6 MJ UE gefunden. Generell ist die Tendenz zu erkennen, daß mit steigender Rohproteinkonzentration des Futters auch die Körperproteinmenge ansteigt.

3.9. Proteinverwertung

Die Proteinverwertung für den gesamten Mastabschnitt ist in Tab. 11 dargestellt.

Tabelle 11 (Table 11)
Proteinverwertung vom 1.–56. Lebenstag (%)
(Protein efficiency from the 1st to 56th day of life, %)

RP (%) (CP, %) UE (ME)/kg	15,0	17,5	20,0	22,5
10,5 MJ	37,0 bcd	35,7 cdef	33,9 efg	31,7 gh
11,5 MJ	39,1 abc	39,4 abc	–	–
12,6 MJ	42,9 a	40,4 ab	36,5 bcde	30,3 g
13,6 MJ	40,3 ab	34,3 defg	31,4 fg	33,0 efg
	$SE \pm 1,4$	$P < 0,05$		

Aus Tab. 11 wird deutlich, daß mit der Erhöhung der Rohproteinkonzentration der Ration die Proteinverwertung sinkt.

3.10. Körperfett

In Tab. 12 sind die durchschnittlichen Körperfettmengen der Tiere am Versuchsende dargestellt.

Die höchsten Körperfettmengen werden bei den beiden hohen Energiekonzentrationen und die geringeren bei den niedrigeren Energiekonzentrationen festgestellt.

3.11. Energieverwertung

In Tab. 13 ist die Energieverwertung für den gesamten Mastabschnitt dargestellt.

Die höchste Energieverwertung wurde bei den Gruppen mit den Rationen mit 10,5 MJ UE und 20 bzw. 22,5 % RP und bei der Ration mit 12,6 MJ UE und 17,5 % RP

Tabelle 12 (Table 12)
Körperfettmengen am 56. Lebenstag (g)
(Amount of body protein at the 56th day of life, g)

RP (%) (CP, %) UE (ME)/kg	15,0	17,5	20,0	22,5
10,5 MJ	156 ghi	143 i	172 def	162 fgh
11,5 MJ	144 ij	161 fgh	–	–
12,6 MJ	184 bcd	195 ab	179 cde	168 efg
13,6 MJ	190 abc	200 a	186 bc	195 ab

$SE \pm 0{,}13$ $P < 0{,}05$

Tabelle 13 (Table 13)
Energieverwertung vom 1.–56. Lebenstag (%)
(Energy efficiency from the 1st to 56th day of life, %)

RP (%) (CP, %) UE (ME)/kg	15,0	17,5	20,0	22,5
10,5 MJ	29,6 d	29,5 d	33,2 b	32,1 ab
11,5 MJ	26,7 e	29,4 d	–	–
12,6 MJ	29,6 d	31,7 abc	29,8 cd	29,4 d
13,6 MJ	28,4 de	29,2 d	29,6 d	30,6 bcd

$SE \pm 0{,}66$ $P < 0{,}05$

ermittelt. Die niedrigste Energieverwertung wies die Gruppe mit 11,5 MJ UE und 15 % RP auf. Alle übrigen Gruppen unterschieden sich nicht signifikant. Die Energieverwertung der männlichen Broiler im Winter lag immer höher als die der Broiler im Sommer, obwohl der Energiebedarf für die Aufrechterhaltung der Körperenergie im Sommer geringer ist. Dieser Unterschied kann dem höheren Energieaufwand bei der Atmung der Tiere im Sommer als auch der geringeren Fettsynthese und des Fettansatzes in der Zeiteinheit zugeordnet werden.

Diskussion

Die klassische negative Beziehung zwischen Erhöhung der Energiekonzentration der Ration und dem Futterverzehr bei isonitrogenen Rationen konnte hier nicht gefunden werden, weil die Absenkung der Energiekonzentration durch eine Erhöhung des Anteils an Reiskleie vorgenommen wurde. Dieser Befund wurde bereits in der ersten und zweiten Mitteilung diskutiert (VALDIVIE u. a., 1986, 1987). Bei einem Vergleich des Verhaltens der männlichen Tiere im Winter und im Sommer, also einer Gegenüberstellung der Versuchsergebnisse der ersten Serie (VALDIVIE u. a., 1986) und der hier vorliegenden Ergebnisse, kann festgestellt werden, daß die männlichen Broiler im Winter 3,4 bis 25 % mehr Futter aufnahmen als im Sommer. Die Lebendmasse am Versuchsende war um 18,3 bis 40 % höher bei den Tieren, die im Winter gehalten wurden. Generell war in allen Versuchsgruppen eine höhere Körperprotein- und Körperfettmasse gefunden worden als im Sommer. Die Futter-, Energie- und Proteinverwertung war im Winter günstiger als im Sommer. Ähnliche Befunde teilen auch SCOTT et al. (1969), OLSON et al. (1972), NRC (1977), EL BOUSHY und VAN MARLE (1978), GONZALEZ und VALDIVIE (1980) und BRAY (1982) mit.

Der negative Effekt der hohen Temperaturen im Sommer in Kuba kann durch eine Verbesserung der Haltungsbedingungen der Broiler vermindert werden, wodurch die Tiere ihr Wachstumspotential besser ausnutzen könnten.

Da das Wachstum der männlichen Broiler unter den gegebenen klimatischen Bedingungen des kubanischen Sommers schlechter als im Winter war, zeigt sich die Möglichkeit, hohe Lebendmassen der männlichen Broiler, als auch hohe Lebendmassezunahmen im 2. Mastabschnitt (29.–56. Lebenstag) mit einem monophasischen Fütterungssystem mit 12,6 MJ UE/kg Futter und 20 % RP zu erreichen. Damit können auch maximale Körperproteinmassen (264 g RP/Tier), eine hohe Schlachtausbeute (72 %) und ein guter Futteraufwand (2,34) erreicht werden. Eine Erhöhung der Energiekonzentration über 12,6 MJ UE/kg Futter oder eine Erhöhung der Proteinkonzentration über 20 % RP bringt keinerlei signifikante Verbesserung. In weiteren Untersuchungen soll ermittelt werden, wie durch die Anwendung von zwei- und dreiphasischen Fütterungsregimen der Proteinaufwand weiter reduziert werden kann.

Zusammenfassung

Mit insgesamt 1900 männlichen Broilern der Rasse White Plymouth Rock wurden in den ersten 56 Lebenstagen in 16 Versuchsgruppen vier Energiekonzentrationen (10,5; 11,5; 12,6 und 13,6 MJ UE/kg Futter) und vier Rohproteinkonzentrationen (15,0; 17,5; 20,0 und 22,5 % RP) getestet. Die Tiere wurden in Käfigen gehalten und waren ab 15. Lebenstag den natürlichen Sommertemperaturen in Kuba direkt ausgesetzt. Da jede Versuchsgruppe mit 6 Wiederholungen durchgeführt wurde, konnten die Ergebnisse varianzanalytisch verrechnet werden. Bei einem Vergleich des Verhaltens der männlichen Tiere im Winter und Sommer, kann festgestellt werden, daß die Tiere im Winter 3,4 bis 25 % mehr Futter aufnahmen als im Sommer. Generell war in allen Versuchsgruppen im Sommer eine niedrigere Körperprotein- und Körperfettmasse gefunden worden als im Winter. Der Futteraufwand und die Verwertung der Energie und des Rohproteins waren schlechter als im Winter. Es konnte gezeigt werden, daß maximale Lebendmassen als auch Lebendmassezunahmen im 2. Mastabschnitt im kubanischen Sommer erreicht werden, wenn bei einem einphasischen Futterungssystem Rationen mit 12,6 MJ UE und 20 % RP gefüttert werden.

Резюме

М. Вальдивие и С. Поппе

Исследование по концентрации энергии и протеина в рационах птиц-бройлеров в Кубе. 3-ье сообщ.: ♂ бройлеры летом

Проводились опыты на всего 1900 ♂ птицах-бройлерах породы «*White Plymouth Rock*». Птицы разделились в первые 56 дней жизни в 16 опытные группы для изучения 4 различных концентраций энергии (10,5; 11,5; 12,6 и 13,6 МДж обменной энергии [ОЭ] на кг корма) и 4 различных концентраций сырого протеина (15,0; 17,5; 20,0 и 22,5 % СП). Птицы содержались в клетках, а с 15-ого для жизни прямо под условиями настоящего лета в Кубе. Каждая опытная группа повторялась 6 раз и, таким образом, возможно было вычисление данных с помощью вариационного анализа. При сравнении поведения ♂ бройлеров зимой и летом сделается вывод, что птицы потребили зимой от 3,4 до 25 % больше корма, чем летом. В общем нашли у всех опытных групп летом меньше массы протеина и жира в теле по сравнению с летом. Затрата кормов и использования энергии и сырого протеина были летом хуже. Показано, что максимальные живые массы и также привесы получились летом в кубе на 2-ой период откорма, если при однофазной системе кормления давались рационы с содержанием 12,6 МДж ОЭ и 20 % СП.

Summary

M. VALDIVIE and S. POPPE

Studies on the energy and protein concentration in broiler rations in Cuba. 3. Male broilers in summer

A total of 1,900 male broilers of the variety White Plymouth Rock was tested with 4 energy concentrations (10.5, 11.5, 12.6 and 13.6 MJ metabolizable energy/kg) and 4 protein concentrations (15.0, 17.5, 20.0 and 22.5 % CP) in their first 56 days of life in 16 test groups. The animals were kept in cages and were directly exposed to the natural Cuban summer temperatures from their 15th day of life onwards. As every test group was run with 6 repetitions, the results could be variance analytically calculated. In a comparison of the behaviour of the male animals in winter and in summer it can be stated that the animals took in between 3.4 and 25 % more feed in winter than in summer. In general, a lower body protein and body fat amount could be found in all test groups in summer compared to that in winter. Feed expenditure and the utilization of energy and protein were not as good as in winter. It could be shown that both maximum live weight and live weight gain can be achieved in the 2nd fattening period in the Cuban summer if rations containing 12.6 MJ metabolizable energy and 20 % CP are fed in a one-phase feeding system.

Literaturverzeichnis

[1] BRAY, G. A.: Proc. Nutri. Soc. **41**, 128 (1982)
[2] EL BOUSHY, R. A. und A. L. VAN MARLE: World's Poultry Sci. J. **34**, 155 (1978)
[3] GONZALEZ, A. und M. VALDIVIE: Forschungsbericht – ICA, Cuba (1980)
[4] NRC: Nutrient requirements of domestic animals Nr. 1, Nutrient requirements of poultry (1977)
[5] OLSON, D. W., M. L. SUNDE und H. R. BIRG: J. Poultry Sci. **51**, 1951 (1972)
[6] VALDIVIE, M. S. POPPE, Hanna MEIER und M. GABEL: Arch. Tierernähr. **36**, 1087 (1986)
[7] VALDIVIE, M. und S. POPPE: Arch. Tierernähr. **37**, 215 (1987)

Eingegangen: 5. Februar 1985

Anschrift der Autoren:

Prof. Dr. sc. S. POPPE
Wilhelm-Pieck-Universität Rostock
Sektion Tierproduktion
Wissenschaftsbereich Tierernährung
Justus-von-Liebig-Straße
PF 27–07
Rostock
DDR - 2500

M. VALDIVIE
Republica de Cuba
Instituto de Ciencia Animal
Calle
Nuevo Vedado
La Habana

Arch. Anim. Nutr., Berlin 37 (1987) 5, 428

Buchbesprechung

Atlas der Nutztierrassen. Verfasser HANS HINRICH SAMBRAUS. Erschienen im Verlag Eugen Ulmer Stuttgart 1986; 256 Seiten mit 226 Farbfotos, 3 Zeichnungen und 15 Tabellen, kartoniert, Format: 13×19 cm, Preis: 32,– DM

Der Verfasser ist Professor an der Technischen Universität München-Weihenstephan und Vorsitzender der Gesellschaft zur Erhaltung gefährdeter Rassen.

Bei der Vorstellung von 180 Tierrassen in Wort und Bild ist er besonders prädestiniert Restbestände alter Landrassen sowie aus anderen Ländern zu uns gekommene Exoten bzw. Rassen vorzustellen und zu beschreiben. Somit sollte man auch nicht erwarten, daß das in der DDR gezüchtete Schwarzbunte Milchrind mit dem wesentlich höheren Fettgehalt als 4,0 % unter der Überschrift „Schwarzbunte" verzeichnet ist. Ansonsten sind die Rassen der Huf- und Klauentiere nahezu vollständig erfaßt, das Geflügel und das Kaninchen wurden als Arten berücksichtigt; dennoch werden auch hier einige Rassen gezeigt, damit der Leser einen Eindruck von der erstaunlichen Variationsbreite dieser Arten erhalten soll. Neben den 49 vorgestellten Rinderrassen dominieren die Pferderassen (einschl. Ponys) mit 62 Rassenbeschreibungen. Die Beschreibungen folgen dem Schema: Kennzeichen – Verbreitung – Leistung – Zuchtgeschichte. Sie sind kurz gehalten und trotzdem äußerst instruktiv. Eine allgemeine Einführung zu den Tierarten wird vorangestellt, wobei Bestandszahlen für Rinder, Schafe, Ziegen, Schweine und Pferde für die BRD, DDR, Österreich und die Schweiz des Jahres 1983 ausgewiesen werden. Die Verbreitung wichtigster Rassen für die genannten Tierarten wird für die BRD, Österreich und für die Schweiz ebenfalls angegeben. Bemerkenswert sind jedoch auch Einzelheiten, die der Autor zu ungewöhnlichen Rassen nennen kann, z. B. daß das Fjäll-Rind in der DDR an der Müritz zur Landschaftspflege gehalten wird (Milchleistung annähernd 4000 kg bei 4,2 % Fett).

Das Buch ist angenehm lesbar und mit seinen ausgezeichneten Farbabbildungen auch für jeden Laien hochinteressant.

H. BERGNER

Arch. Anim. Nutr., Berlin 37 (1987) 5, 429–438

Sektion Tierproduktion und Veterinärmedizin der Karl-Marx-Universität Leipzig,
Wissenschaftsbereich Tierernährungschemie
(Leiter: Prof. Dr. sc. agr. A. HENNIG)
Zentralinstitut für Mikrobiologie und experimentelle Therapie der
Akademie der Wissenschaften, Jena
(Direktor: Prof. Dr. sc. rer. nat. F. BERGTER [1])
Forschungszentrum für Tierproduktion Dummerstorf-Rostock,
Bereich Tierernährung Oskar Kellner, Abt. Blankenburg
(Leiter: Dr. sc. agr. U. HERRMANN [2])

G. RICHTER, B. MEIXNER, K. GRUHN, H. REINERT [1] und R. ABEND [2]

Vergleichende Prüfung verschiedener Futterhefen bei Legehennen und Broilern

1. Einleitung

Die Untersuchungen zu möglichen Einsatzgrenzen von Futterhefen als Referenzprotein für Sojaextraktionsschrot und Fischmehl beziehen sich meist auf eine Hefeart (KIRCHNER, 1968; CMUNDT und RUŽIČKA, 1976/77; HUDSKÝ u. a., 1979; MACHÁLEK und HUDSKÝ, 1979; SCHUBERT u. a., 1980/81; RICHTER u. a. 1980/81, 1982/83). Vergleichende Prüfungen von verschiedenen Hefen sind kaum durchgeführt worden. In der DDR setzen wir sechs verschiedene Futterhefen in Geflügelfuttermitteln ein. Die Kohlenstoffquellen stellen die Sulfitablauge von der Zelluloseherstellung, die Melasse als Abprodukt bei der Zuckerrübenverarbeitung und Futterzucker dar. In die Geflügelmischfutterarten werden 1–3 % Hefe eingesetzt. Gegenwärtig ist ein höherer Anteil nicht realisierbar. Durch notwendige Substitution von Importkonzentraten kann eine Erhöhung der Einsatzmenge erforderlich werden.

Ziel der Untersuchungen war es, den Einfluß der in der DDR in unterschiedlichen Territorien verarbeiteten Futterhefen vergleichend auf die Lege- und Mastleistung zu prüfen sowie eine Einsatzgrenze zu empfehlen.

2. Material und Methode

Als Versuchstiere dienten je Variante 12×25 Legehybriden der Rasse „Weiße Leghorn“ der reziproken Linienkombinationen 05×06 ×07×08. Die Hennen wurden in einer 3-Etagenkäfiganlage L 133 bei einer Besatzdichte von 5 Hennen/Käfig (400 cm²/Tier) im Zeitraum von der 22.–73. Lebenswoche geprüft. Die Ermittlung der Eizahl erfolgte täglich und die der Eimasse an 4 Tagen je Woche. In der 53tägigen Broilermastperiode wurde Tiermaterial „Tetra B“ eingesetzt. Die Prüfung erfolgte an 3×270 auf Tiefstreu gehaltenen Broilern (19 Tiere/m² Stallfläche). Die Ermittlung der Leistungskennzahlen erfolgte am 27. und 53. Tag.

Die Versuchstiere erhielten vergleichsweise ein Mischfutter mit jeweils 10 % der in der DDR eingesetzten Futterhefen verschiedener Herstellungsverfahren (Tab. 1) und Produzenten. Die Rationen wurden rechnerisch isokalorisch und isonitrogen zusammengestellt. Über den Rohnährstoff-, Aminosäuren- und Nukleinsäurengehalt sowie den Anteil NPN-Verbindungen und Niazin informieren die Tabellen 2 und 3. Die Zusammensetzung und wertbestimmenden Inhaltsstoffe der geprüften Rationen sind in

Tabelle 1 (Table 1)

Nährsubstrat und Trocknungsverfahren der geprüften Hefen verschiedener Produzenten (Nutritive substance and drying procedure of the studied yeasts of different producers)

Hefe (Yeast)	Nährsubstrat (Nutritive Substance)	Trocknungsverfahren (Drying procedure)	Anteil am DDR-Verbrauch in % (Share the consumption in the GDR in %)
1	Sulfitablauge (Wood pulp liquid)	Walzen (Roll dried)	16
2	„	„	10
3	„	Sprühen (Spray dried)	16
4	Melasse (Molasses)	Walzen (Roll dried)	18
5	Zucker (Sugar)	Sprühen (Spray dried)	30
6	„ „	–	10

Tabelle 2 (Table 2)

Rohnährstoffgehalt der geprüften Hefen (g/kg Hefe) (Crude nutrient content of studied yeasts, g/kg yeast)

Hefe (Yeast)	Trocken-substanz (Dry matter)	Roh-protein (Crude protein)	Rohfett* (Ether extract)	Rohasche (Ash)	N-freie Extraktstoffe (N-free extractives)
1	911	380	49	68	415
2	882	328	51	77	426
3	913	445	64	68	337
4	906	488	59	71	287
5	901	492	77	93	239
6	899	448	70	76	304

* mit HCl-Aufschluß (treated with HCl)

in den Tabellen 4 und 5 dargestellt. Entsprechend des Rohproteingehaltes der einzelnen Hefen wurden unterschiedliche Anteile von Sojaextraktionsschrot substituiert. Zur Auswertung der Versuchsergebnisse wurden die Varianzanalyse und der Tukey-Test angewendet.

Die Analyse des Aminosäurengehaltes erfolgte säulenchromatographisch am Aminosäurenanalysator AAA 551. Der NPN-Anteil wurde durch Fällung des Eiweißanteiles mit Trichloressigsäure ermittelt. Zur Bestimmung des DNS-Anteiles im Hefeprotein kam die von Hesse u. a. (1975) beschriebene „Schnelle fluorometrische desoxyribosespezifische DNS-Bestimmung an nicht desintegrierten Mikroorganismen mit 3,5-Diaminobenzolsäure“ zur Anwendung. Die Bestimmung des RNS-Gehaltes erfolgte nach der Orcinol-Methode (NORRIS und RIBBONS, 1971).

Tabelle 3 (Table 3)

Aminosäuren- und Nukleinsäurengehalt sowie der Anteil Nicht-Protein-Stickstoff (NPN) und Niazin in Futterhefen (Aminosäurengehalt in g/kg Hefe) $n=2$ [Amino acid and nucleic acid content and the portion of non-protein nitrogen and niacin of feed yeasts (Amino acid content in g/kg yeast) $n=2$]

	Hefen (Yeasts) 1	2	3	4	5	6
Lys	28,5	25,9	34,0	40,4	36,4	35,7
His	8,1	7,3	9,2	10,1	9,4	8,6
Arg	17,7	18,1	20,6	21,7	21,8	21,5
Asp	30,8	27,6	35,6	43,0	37,5	43,2
Thr	20,4	16,2	21,4	23,1	19,3	21,0
Ser	19,6	14,3	18,5	22,5	18,0	21,4
Glu	60,7	43,2	56,6	69,3	50,7	56,3
Pro	14,7	10,7	12,9	17,0	13,5	13,0
Gly	18,5	13,4	18,7	21,2	18,2	17,2
Ala	30,0	17,7	27,3	32,2	25,6	25,0
Val	20,6	16,9	18,6	23,0	17,9	17,8
Ile	19,6	15,0	17,6	23,6	17,8	9,3
Leu	36,0	23,2	32,5	41,1	32,9	36,5
Tyr	13,0	8,6	13,6	16,2	15,5	12,7
Phe	19,9	13,5	15,9	20,3	17,8	18,0
Zys	3,6	3,5	4,1	2,6	6,3	4,0
Met	4,9	4,4	5,4	55,9	5,4	5,7
NPN (% vom Gesamt-N) NPN (% of total-N)	25,0	24,4	27,6	25,4	27,8	23,3
Nukleinsäure-N (% vom Gesamt-N) Nucleic acid-N (% of total-N)	12,9	15,7	15,4	14,6	13,4	13,6
Niazin (mg/kg Hefe) (Niacin, mg/kg yeast)	428	381	349	551	438	334

3. Ergebnisse und Diskussion

3.1. Analytische Resultate

Die analysierten Inhaltsstoffe variieren in den geprüften Hefen sehr stark (Tab. 2 und 3).

Von den sechs geprüften Hefen sind nach der TGL die Hefen vier und fünf in Güteklasse III, die Hefen drei und sechs in Güteklasse IV und die Hefe eins in Güteklasse V einzuordnen.

Der Rohproteingehalt in der Hefe zwei betrug nur 33 % und lag damit unter dem in der TGL 29 187/01 für Futterhefen geforderten Mindestwert.

Die unterschiedlichen Eiweißgehalte der Hefen sind bei der Rationszusammensetzung berücksichtigt worden. Ähnliche Schwankungen wie im Rohproteingehalt ergaben sich im Aminosäureanteil. Der Lysingehalt je kg Hefe schwankt von 25,9 bis 40,4 g und verdeutlicht die Qualitätsunterschiede der zum Einsatz gelangenden Hefen.

Tabelle 4 (Table 4)

Zusammensetzung und wertbestimmende Inhaltsstoffe der geprüften Legehennenrationen (g/kg Mischfutter) [Composition and content of components determining the value of the layers (g/kg mixed feed)]

Komponenten bzw. Gehalte (Components/contents)	Kontrolle (Control)	Gruppen bzw. Hefen (Groups/yeasts) 1	2	3	4	5	6
Konstanter Anteil[1] (Constant part of components)	655	655	655	655	655	655	655
Weizen (Wheat)	175	175	175	175	180	180	175
Weizenkleie (Wheat bran)	30	10	10	35	35	35	30
Sojaextraktionsschrot (Soybean oil meal)	130	60	60	35	30	30	40
Verschiedene Hefen (Different yeasts)	10	100	100	100	100	100	100
Nettoenergie (EFh)[2] (Net energy)	572	581	574	569	568	572	570
Rohprotein[2] (Crude protein)	181,2	176,6	177,1	177,3	168,7	172,5	177,5
Lysin[3] (Lysine)	8,7	8,8	8,8	8,6	8,3	8,4	8,7
Methionin und Zystin[3] (Methionine + cystine)	7,2	6,7	6,7	6,6	6,1	6,3	6,6

[1] Mais 460, Sonnenblumenextraktionsschrot 50, Fischmehl 40, Mineralstoffmischung für Legehennen 95, Wirkstoffe 10 (Corn 460, sunflower oil meal 50, fish meal 40, mineral premix for layers 95, Vitamin and feed additive premix 10)

[2] berechnet aus Rohnährstoffanalysen des Mischfutters (EFh-Energetic feed unit hens, calculated from analysis values)

[3] Tabellenwerte, korrigiert nach Rohproteinanalyse (Table values, corrected after crude protein analysis)

Tabelle 5 (Table 5)

Zusammensetzung und wertbestimmende Inhaltsstoffe der geprüften Broilerrationen (g/kg Mischfutter) [Composition and content of components determining the value of the broiler feed (g/kg original substance)]

Komponenten bzw. Gehalte (Components/contents)	Kontrolle (Control)	Gruppen bzw. Hefen (Groups/Yeasts) 1	2	3	4	5	6
Konstanter Anteil[1] (Constant part of components)	95	95	95	95	95	95	95
Mais (Corn)	640	625	605	625	630	600	625
Sojaextraktionsschrot (Soybean extracted oil meal)	215	180	200	180	175	205	180
Rapsextraktionsschrot (Rapeseed extracted oil meal)	30	–	–	–	–	–	–
Verschiedene Hefen (Different yeasts)	20	100	100	100	100	100	100
Nettoenergie (EFh)[2] (Net energy)	585	578	572	582	588	569	583
Rohprotein[2] (Crude protein)	230,5	229,5	236,5	224,0	219,0	236,0	218,5
Lysin[3] (Lysine)	11,8	13,1	13,0	13,5	12,9	13,2	13,1
Methionin und Zystin[3] (Methionine and cystine)	8,8	8,5	8,8	8,5	8,2	8,7	8,2

[1] Fischmehl 60, Mineralstoffmischung 25, Wirkstoffmischung 10 (Fish meal 60, mineral premix 25, Vitamin and feed additive premix 10)

[2] berechnet aus Rohnährstoffanalysen des Mischfutters (EFh = Energetic feed unit hens, calculated from analysis values)

[3] Tabellenwerte, korrigiert nach Rohproteinanalyse (Table values, corrected after crude protein analysis)

Einen etwa gleichen Anteil von Trichloressigsäure(TCE)-löslichem Stickstoff, welcher im Mittel 25,6 % des Gesamtstickstoffes betrug, konnten wir in den Hefen nachweisen. In der Hefe 2 mit dem geringsten Anteil von Rohprotein ist der meiste TCE-lösliche Stickstoff enthalten.

Auch im Nukleinsäurengehalt war die Varianz nicht so erheblich wie im Rohproteinanteil. Im Mittel enthielten die Hefen 14,3 % Nukleinsäurestickstoff am Gesamtstickstoff, wobei die Ribonukleinsäure davon einen mittleren Anteil von 95,4 % und die Desoxyribonukleinsäure einen Anteil von 4,6 % hatten.

Da die Hefen als Träger des Vitamin-B-Komplexes bekannt sind, ermittelten wir als Stichprobe das Niazin. Im Mittel sind in den Futterhefen 414 mg Nazin/kg enthalten, und sie stellen damit eine sehr gute Vitaminquelle für die Monogastriden dar.

3.2. Legehennenversuche

Die wichtigsten Leistungskritierien in der Frischeierproduktion, wie Futterverzehr, Legeleistung, Einzeleimasse, Futteraufwand und Mortalität, waren durch den Einsatz von 10 % Futterhefe verschiedener Produzenten als Substituenten für Sojaextraktionsschrot nicht signifikant beeinflußt (Tab. 6). Der Austausch des Sojaextraktionsschrotes in den Rationen erfolgte entsprechend des analysierten Rohproteingehaltes der Hefen. In den Gruppen 1 bis 6 lieferte das Hefeprotein 21, 21, 26, 28, 28 bzw. 25 % des Gesamtproteins der Mischfuttermittel. Aufgrund des in den Rationen analysierten Rohproteingehaltes und der Schwankungen im Futterverzehr nahmen die Hennen der Gruppen 1, 4 und 5 signifikant weniger Rohprotein und partiell Aminosäuren auf als die Kontrollvariante bzw. die der Gruppen 2 und 6. Da die verzehrten Rohprotein- und Aminosäuremengen über dem Bedarf der Legehybriden liegen, ist erwartungsgemäß kein deutlicher Einluß auf die Legeleistung nachgewiesen worden. Auch bei Berücksichtigung des relativ hohen NPN-Anteils der Hefen von durchschnittlich 26 % wird der Eiweiß- und Aminosäurebedarf noch abgesichert (NRC, 1977, Summers und Leeson, 1977; Zabolotnikov, 1978; Richter u. a. 1978/79). Die signifikant geringere Legeleistung der Hefegruppen im Vergleich zur Kontrolle ist durch den realisierten Nährstoffverzehr nicht zu begründen, und andere Ursachen sind nicht bekannt. In früheren Versuchen war bei Einsatz von 15 % Futterhefe aus Sulfitablauge ebenfalls eine Leistungsminderung in den Zunahmen bei Cairina, Küken und Junghennen sowie der Legeleistung bei Hennen nachgewiesen worden, die zu einer Einsatzempfehlung von maximal 5 bzw. 7,5 % Hefe führten (Schubert u. a., 1980/81; Richter u. a. 1980/81, 1982/83).

Auch bei Prüfung von gestaffelten Gaben von Erdöldestillathefe bei Küken, Junghennen und Legehennen ermittelten Richter u. a. (1985 a, b) mit zunehmendem Gehalt an Hefe Leistungsdepressionen, die nicht durch eine Unterversorgung mit Nährstoffen zu erklären waren.

Aus den Ergebnissen wird geschlußfolgert, daß aufgrund der geringfügig verminderten Legeleistung der Einsatz der geprüften Futterhefen bei Legehennen analog früheren Empfehlungen auf 7,5 % begrenzt werden sollte.

Tabelle 6 (Table 6)

Leistungskriterien in der Legeperiode (Results of the laying performance)

Parameter (Parameters)	Kontrolle (Control)	Gruppen bzw. Hefen (Groups/Yeasts) 1	2	3	4	5	6	$p<0{,}05$
Verzehr (g/Tier und Tag) (Intake, g/animal and day)								
Futter (Feed)	114,0	112,7	116,2	113,3	113,5	114,3	113,7	>
Rohprotein (Crude protein)	20,7	19,9	20,6	20,1	19,1	19,7	20,7	0,7
Lysin (Lysine)	0,99	0,99	1,02	0,97	0,94	0,96	0,99	0,03
Methionin und Zystin (Methionine and cystine)	0,82	0,76	0,78	0,75	0,69	0,72	0,75	0,03
Alter bei 50 % Legeleistung (Tage) [Age of hens, 50 % laying performance (days)]	172	173	173	173	173	172	174	>
Eier/Henne (Eggs/hen and year)	260	257	256	255	256	258	256	>
Produzierte Eimasse (g/Henne/Tag) (Produced eggweight, g/hen and day)	43,1	42,5	42,4	42,3	42,1	42,5	42,6	>
Futteraufwand (g/100 g Eimasse) (Feed conversion, g/100 g egg weight)	265	265	274	268	269	269	267	>
Körpermassezunahme (g) (Body weight gain, g)	302	258	292	390	369	286	415	>
Mortalität (%) (Mortality, %)	11,0	6,0	12,3	9,7	9,3	9,7	11,3	>

Tabelle 7 (Table 7)

Leistungskriterien in der Broilermast (Mastdauer 53 d) (Results of the fattening performance of broilers after 53 d)

Parameter (Parameters)	Kontrolle (Control)	Gruppen bzw. Hefen (Groups/Yeasts) 1	3	3	4	5	6	$p<0,05$
Verzehr (g/Tier und Periode) (Intake, g/animal and period)								
Futter (Feed)	3993	4275	4098	3947	3047	3896	3784	227
Rohprotein (Crude protein)	920	1009	969	906	884	853	827	52
Lysin (Lysine)	47,1	56,4	53,3	51,7	53,3	50,3	49,6	2,9
Methionin und Zystin (Methionine and cystine)	35,1	37,2	36,1	33,5	33,5	31,9	31,0	1,9
Lebendmasse (g) (Final weight)	1746	1702	1706	1688	1724	1743	1626	97
Futteraufwand (kg/kg Zunahme) (Feed conversion, kg/kg gain)	2,34	2,57	2,46	2,39	2,34	2,29	2,38	0,13
Verluste (%) (Mortality, %)	2,2	2,8	3,0	2,5	2,6	2,1	1,6	>

3.3. Broilerversuche

Die gleichen Hefeherkünfte mit 10 % im Broilermastfutter eingesetzt, beeinflußten die Leistungskennzahlen stärker als in der Prüfung an Legehennen. Der Futter- und damit auch Rohprotein- bzw. Aminosäuren- und Energieverzehr wiesen zwischen den einzelnen Hefeherkünften und der Kontrollgruppe teilweise erhebliche Unterschiede auf ($p<0{,}01$, Tab. 7). Diese Differenzen resultieren nicht allein aus dem unterschiedlichen Protein-, Aminosäuren- und Energiegehalt einzelner Hefen bzw. Futtermischungen, sondern müssen mit einigen Inhaltsstoffen der Hefen in Verbindung stehen, die futterverzehrssenkend wirken. Broiler reagieren auf verschiedene Futterinhaltsstoffe stärker mit Verzehrsschwankungen als Legehennen, wie Untersuchungen an unserer Einrichtung ausweisen. Im vorliegenden Vergleich der Hefeherkünfte betrug die größte Futterverzehrsdifferenz zwischen Hefe 1 und 6 elf Prozent. Als Reaktion auf den verminderten Futterverzehr schnitt auch Gruppe 6 ($p<0{,}05$) in der Lebendmasseentwicklung am ungünstigsten ab. Alle weiteren Prüfvarianten unterschieden sich hinsichtlich der Lebendmasse nicht biostatistisch erfaßbar voneinander ($p>0{,}05$).

Im Futteraufwand unterschieden sich einige Hefeherkünfte deutlich voneinander ($p<0{,}05$), wobei die Hefen 1 und 2 die ungünstigsten Aufwandswerte auswiesen. Der mit Hefe 6 verursachte niedrige Futterverzehr senkte die Lebendmasseentwicklung, ohne den Futteraufwand/kg Zunahme zu verschlechtern. Keine der Hefeherkünfte wirkte sich auf die Mortalität bis zum Mastende aus.

Aufgrund der günstigen Leistungsniveaus in diesem Versuch (ca. 1700 g Lebendmasse in 53 Masttagen) kann geschlußfolgert werden, daß die geprüften Hefen (außer Hefe 6) bei 10 % Anteil in der Ration nur geringe negative Effekte auf die Lebendmassezunahme ausüben. Gegenüber der Kontrollgruppe verschlechterten sich jedoch die Futteraufwandswerte der Gruppe mit der Hefe 1 ($p<0{,}05$). Der erreichte Anteil an Rohprotein aus der Hefe zum Gesamtrohproteingehalt der Ration betrug in Gruppe 1=19 %; 2=15 %; 3=21 %; 4=22 %; 5=16 % und 6=19 %.

In Kükenmastversuchen mit Alkanhefen als Referenzprotein für Sojaextraktionsschrot und Fischmehl ermittelten TIEWS u. a. (1974) bei Einsatz von 20–40 % Hefe erhebliche Leistungsdepressionen. SCHADEREIT und HENK (1981) stellten bei mehlförmigen Rationen bis 9 % Erdöldestillathefeanteil keine Leistungsminderungen in der Broilermast fest. Durch Pelletierung konnte die Einsatzmenge auf 15 % ohne negative Auswirkungen erhöht werden. In Untersuchungen von BORNSTEIN u. a. (1981) reduzierten 9–10 % Methanol- bzw. n-Paraffinhefe die Lebendmassezunahme um 2 bzw. 3 %.

Aus den Ergebnissen der Broilermastversuche mit geringfügiger Verminderung der Körpermassezunahme und Erhöhung des Futteraufwandes leiten wir analog unseres früheren Versuches (RICHTER u. a., 1981) eine Einsatzgrenze von 7,5 % Futterhefe im Broilerstarter- und Broilermastfutter ab.

Zusammenfassung

In zwei Versuchen mit Legehennen der Rasse „Weiße Leghorn“ und Broilern der Herkunft „Tetra B“ prüften wir vergleichend den Einsatz von sechs verschiedenen Futterhefen auf Sulfitablaugen-, Zucker- oder Melassebasis mit einem Anteil von 10 % in der

Ration. In der Eiproduktion war keine signifikante Beeinflussung der wichtigsten Leistungskriterien wie Futterverzehr, Legeleistung und Futteraufwand nachweisbar, obwohl die Hennen in den Hefegruppen vier Eier pro Jahr weniger als die Kontrollgruppe legten. Auch im Broilermastversuch betrug die Körpermassezunahme der Tiere mit 10 % Hefeanteil nur 97 % der Kontrollvariante. Entsprechend der geringfügig verminderten Leistungen wird für das Legehennen- und Broilerfutter ein Anteil von maximal 7,5 % Futterhefe vorgeschlagen.

Резюме

Г. Рихтер, Б. Майкснер, К. Грун, Х. Райнерт и Р. Абенд

Сравнительное исследование по примененлю различных кормовых дрожжей в кормлении кур-несушек и бройлеров

Проводились два опыта на курах-несушках породы „Белый леггорн“ и бройлерах происхождения „Тетра Б“ с целью сравнительного изучения применения шесть различных кормовых дрожжей на базе сульфит сахара или мелассы, если рацион содержал 10 % одного из этих ингредиентов. Относительно яичного производства обнаружили, что нет достоверного влияния от наиважных производительных параметров как потребления кормов, яйценсскости и затраты кормов, хотя курицы опытных групп (кормления дрожжей) клали 4 яйца/год меньше контроля. При откорме приложили бройлеры групы с 10 % дрожжей в рационе только 97 % живои массы по сравнению с контролем. Исходя от незначительного снижения продуктивности рекомендуются максимально 7,5 % кормовых дрожжей в корме для кур-несушек и бройлеров.

Summary

G. Richter, B. Meixner, K. Gruhn, H. Reinert and R. Abend

Comparative testing of various feeding yeasts with laying hens and broilers

In two experiments with laying hens of the species White Leghorn and broilers of the origin Tetra B we made a comparative test of the application of six different feeding yeasts on the basis of sulphite waste liquor, sugar or molasses with a 10 % quota in the ration. No significant influence on the most important performance criteria as e. g. feed consumption, laying performance and feed expenditure could be ascertained, although the hens in the yeast groups laid 4 eggs less per year than the control group. In the broiler fattening experiment, too, the weight gain of the animals with a 10 % yeast quota amounted to 97 % of that of the control group only. Due to the slightly lower performance, a maximum quota of 7.5 % feeding yeast is suggested for laying hen and broiler feed.

Literaturverzeichnis

[1] BORNSTEIN, S., I. PLAVNIK, B. LIPSTEIN: Brit. Poultry Sci., **22**, 141 (1981)
[2] CMUNDT, F. und B. RUŽIČKA: Tierernähr. u. Fütt. **10**, 224 (1976/77)
[3] HESSE, G., R. LINDNER und D. KREBS: Z. Allg. Mikrobiologie **15**, 9 (1975)
[4] HUDSKÝ, Z., E. MACHÁLEK und J. KRATOCHVIL: Biol. Chem. Vet. (Praha) **XV (XXI)**, **437** (1979)
[5] KIRCHNER, H.: Experimentelle Untersuchungen über den Einsatz der Futterhefe in der Broilermast. Diss. (Prom. A), Friedrich-Schiller-Universität Jena (1968)
[6] MACHÁLEK, E., und Z. HUDSKÝ: Biol. Chem. Vet. (Praha) **XV (XXI)**, 429 (1979)
[7] National Research Council Nutrient Requirements of Domestic Animals Nr. 1, Nutrition Requirements of Poultry. 7. Aufl., Washington, D. C. (1977)
[8] NORRIS, J. R. und D. W. RIBBONS: Methods in Mikrobiology. 5 B, III, Chemica Analysis of Microbiol. Cells. Academic Press, London, New York (1971)
[9] RICHTER, G., H. JEROCH und A. HENNIG: Tierernähr. u. Fütt. **11**, 185 (1978/79)
[10] RICHTER, G., E. SITTE, M. PETZOLD und K. GRUHN: Tierernähr. u. Fütt. **12**, 234 (1980/81)
[11] RICHTER, G., R. SCHUBERT und B. MEIXNER: Arch. Tierernähr. **31**, **263** (1981)
[12] RICHTER, G., E. SITTE und K. GRUHN: Tierernähr. u. Fütt. **13**, 168 (1982/83)
[13] RICHTER, G., H. RICHTER und H. JEROCH: Arch. Tierernähr., **35**, 253 (1985 a)
[14] RICHTER, G., H. BENTZ, H. RICHTER und A. HENNIG: Arch. Tierernähr. **35**, 391 (1985 b)
[15] SCHADEREIT, R. und G. HENK: Arch. Tierernähr. **31**, 403 (1981)
[16] SCHUBERT, R., G. RICHTER und M. PRINZ: Tierernähr. u. Fütt. **12**, 228 (1980/81)
[17] SUMMERS, J. D. und S. LEESON: Poultry Nutrition Handbook, University Guelph. Ontario, (1977)
[18] TIEWS, J., J. GROPP, V. SCHULZ, H. ERBERSDOBLER und H. BECK: Z. Tierphysiol. Tierernähr. Futtermittelkde. **34**, 86 (1974)
[19] ZABOLOTNIKOV, A. A.: Spravochnik pticevoda, Moskovskij bochij (1978)

Eingegangen: 22. Mai 1986

Anschrift der Autoren:

Dr. G. RICHTER, Dr. B. MEIXNER, D. sc. K. GRUHN
WB Tierernährungschemie der Karl-Marx-Univ. Leipzig
Dornburger Str. 24
Jena
DDR - 6900

Dr. rer. nat. H. REINERT, Zentralinstitut für Mikrobiologie
Beutenbergstr. 11
Jena
DDR - 6900

Dr. R. ABEND, FZ Tierproduktion der AdL, Abt. Blankenburg
Kallendorfer Weg
Blankenburg/Harz
DDR - 3720

Arch. Anim. Nutr., Berlin 37 (1987) 5, 439–450

Zentralstelle für Futtermittelprüfung und Fütterung Halle-Lettin
(Direktor: Dr. G. KNAPE)

K. ZIMMERMANN und J. v. LENGERKEN

Zur objektiven Beurteilung von Resultaten aus Ringversuchen

1. Mitteilung

Kritische Bestandsaufnahme

1. Einleitung

Ergebnisse von Ringversuchen (Ringanalysen, Enqueten, interlaboratory trials) dienen bei Anwendung standardisierter Analysenmethoden durch mehrere Labors zur:

- Ermittlung der Übereinstimmung zwischen herkömmlichen und neu entwickelten Methoden
- Festlegung zulässiger Toleranzen zwischen Analysenresultaten
- Kontrolle der analytischen Qualität

Zielstellung bei Anwendung verschiedenartiger Methodenprinzipien ist darüber hinaus, bestmögliche Übereinstimmung und Annäherung an „*wahre*" (chemisch oft nicht eindeutig definierte) Gehalte zu erreichen. Ringversuchsproben können in diesem Fall zur laborinternen Qualitätssicherung als Kontrollprobe oder zur Kalibrierung eigener Kontrollproben herangezogen werden.

Wenngleich Enquete-Ergebnisse Zufallsdaten darstellen, müssen sie die tatsächliche Analysenqualität richtig ausweisen. Dazu ist erforderlich, daß ihre Auswertungen frei von systematischen Fehlern und unbeeinflußt von Wunschdenken sind.

Die üblichen, auch varianzanalytischen Bearbeitungen, z. B. WAGNER (1979), lassen das Fehlergeschehen nicht eindeutig erkennbar werden. So ist z. B. der Einfluß des Faktors „laborinterne Streuungen" nicht nachweisbar, während der des Faktors „Streuung zwischen Labors" belegt werden kann.

Diese erste Mitteilung hat Schlußfolgerungen aus Ringanalysen der Staatlichen Futtermittelprüfung der Jahre 1977–1985 und eine kritische Wertung der statistischen Verarbeitung von Ringversuchsdaten auf der Basis hierarchischer Modelle der Varianzanalyse zum Inhalt. In einer zweiten Mitteilung werden darauf aufbauend Ergebnisse eines erweiterten Modells (Kreuzklassifikation) vorgestellt.

Zielstellung der Ringversuche war in erster Linie die zentrale Einflußnahme auf die in den Labors integrierten täglichen Qualitätssicherungsmaßnahmen.

Daten aus Ringversuchen, die in kürzeren Zeitabständen vorliegen, können maßgebend zur Ausschaltung trendbehafteter Analysenergebnisse oder systematischer Fehler beitragen.

Sofortmaßnahmen sind erforderlich ,wenn

- die ermittelten Standardabweichungen deutlich höher liegen als bei früheren Ringversuchsergebnissen vergleichbarer Materialien und Gehalte
- mehrere oder schiefe Häufigkeitsverteilungen von Daten eines Versuches auftreten.

Derartige Erscheinungen müssen durch Nachuntersuchung des rückgeforderten Materials bestätigt werden, da sie durch vielfältige noch zu zeigende Einflußgrößen hervorgerufen werden können. Während inhomogene Datensätze wiederholt auftreten und Anlaß weiterführender Untersuchungen sind, werden nach langjähriger Auswertung von Ringversuchsdaten Vergleichsstandardabweichungen s_v und s_v % erhalten, die in ihrer Höhe abhängig vom analytischen Parameter und dessen Gehaltsbereich nur selten bekannte Spannen überschreiten.

2. Versuchsanstellungen

2.1. Analytik

Die dargestellten Ringversuche wurden in Zusammenarbeit mit 30–35 Labors der Staatlichen Futtermittelprüfung der DDR vorgenommen, wobei standardisierte bzw. verbindliche Analysenverfahren zur Anwendung gelangten, v. LENGERKEN u. a. (1985). Als Probenmaterialien dienten verschiedenste Trockengrün- und Silageproben unterschiedlicher Vegetationsstadien bzw. Qualität sowie Mischfutter (auf 1 mm – Siebdurchgang gemahlen).

Für spezielle Versuchsanstellungen kam ungemahlenes Material zum Versand. Darüber hinaus wurden folgende Proben zur Verfahrensprüfung, dem Methodenvergleich und zur Ermittlung statistischer Prüfgrößen eingesetzt:

- matrixfreie Standardlösungen, definierter, über den Meßbereich verteilter Gehalte
- matrixenthaltende Standardlösungen relevanter Konzentrationen und Zusammensetzungen
- Probenextrakte oder -mineralisate, gegebenenfalls aufgestockt mit definierten Mengen der Analysensubstanz (spiked samples)
- Praxisproben, bei 65 °C vorgetrocknet oder bei 130 °C zur Erhöhung des Gehaltes an pepsinunlöslichem Rohprotein hitzegeschädigt

Verderbnisgefährdete Proben wurden konserviert, der Tag der Untersuchung wurde festgelegt. Die Begleitprotokolle enthielten detaillierte Anweisungen zur Probenaufbereitung, Analysendurchführung, Probenaufbewahrung und Ergebnisangabe (siehe auch DINKLOH u. a. 1980a). In Versuchen zur Ermittlung normierter Prüffehler wurden zusätzlich organisatorische Bedingungen vorgegeben (Analytik durch einen oder mehrere Bearbeiter an identischen oder verschiedenen Arbeitsplätzen an einem Tag oder an aufeinanderfolgenden Tagen).

2.2. Ringversuchsauswertung

Die Abbildung zeigt die komplette Datenmatrix von Ringversuchen (n : Anzahl der Labors, m : Anzahl der Einzelwerte je Labor). In Enqueten, die lediglich der Qualitätskontrolle dienen, wird zumeist $m=1$ vereinbart (Analysenwert entsprechend Routinebedingungen). Der hervorgehobene Teil der Abbildung verdeutlicht den reduzierten Datensatz für $m=1$ und weist auf die dann (mit $\bar{x}$, s und s % einer einzelnen Spalte) stark eingeschränkte Auswertbarkeit hin.

Zur Errechnung der statistischen Größen werden in der Literatur zum Teil deutlich voneinander abweichende Vorschläge unterbreitet. Es wird deshalb ein einheitlicher Ablauf skizziert und zur Anwendung bei Versuchsauswertungen empfohlen.

Tabelle 1 (Table 1)

Vollständiger Datensatz eines Ringversuchs und daraus errechnete statistische Kenndaten ($\bar{\bar{x}}$ = Gesamtmittelwert, s_v, s_v % = absolute und relative Vergleichsstandardabweichung, s_w = Wiederholstandardabweichung) sowie $\bar{x}$, s und s % des reduzierten Datensatzes für $m = 1$ (eingerahmt)

[Complete set of data resulting from interlaboratory trials, derived statistical parameters ($\bar{\bar{x}}$ = general mean, s_v, s_v % = standard deviation of reproducibility and coefficient of variation of the reproducibility, s_w = standard deviation of the repeatability), reduced set with $\bar{x}$, s and s % for m = 1 (framed)]

Labor (Labor)	Bestimmungen (Determinations)		Labormittelwert (Labor mean)	Laborvarianz (Labor variance)	Laborstandardabweichung absolut (Standard deviation)	Laborstandardabweichung relativ (Coefficient of variation)
1	x_{11}	x_{21} x_{31} ... x_{m1}	$\bar{x}_1$	s_1^2	s_1	s_1 %
2	x_{12}	x_{22} x_{32} ... x_{m2}	$\bar{x}_2$	s_2^2	s_2	s_2 %
3	x_{13}	x_{23} x_{33} ... x_{m3}	$\bar{x}_3$	s_3^2	s_3	s_3 %
.	.	. . ... .	.	.	.	.
.	.	. . ... .	.	.	.	.
.	.	. . ... .	.	.	.	.
n	x_{1n}	x_{2n} x_{3n} ... x_{mn}	$\bar{x}_n$	s_n^2	s_n	s_n %
	$\bar{x}$		$\bar{\bar{x}}$			
	s		s_v	s_w		
	s %		s_v %			

(Sonderfälle und zusätzliche Berechnungen werden z. B. bei DINKLOH u. a. (1980 b) berücksichtigt).

Als Basis zur Ermittlung der Wiederholstandardabweichung wurde gleiche Besetzung in allen Zeilen der Tab. 1, also gleiche Anzahl der Laboreinzelwerte vorausgesetzt. Spezielle Spalten- oder Zeilenindices wurden durch den Index „i" verallgemeinert.

Varianz (Gl. 1):

$$s^2 = \frac{\sum x_i^2 - \frac{(\sum x_i)^2}{m}}{FG} \tag{1}$$

mit FG = $m - 1$ Freiheitsgraden (m = Anzahl der Bestimmungen je Zeile zur Errechnung von Laborvarianzen) oder $n - 1$ Freiheitsgraden (n = Anzahl der Labors zur Errechnung von s_v)

Varianz unter Wiederholbedingungen (Gl. 2):

$$s_w^2 = \frac{\sum s_i^2}{m} \tag{2}$$

(bei gleicher Besetzung aller Zeilen)

Es folgert s mit $\sqrt{s^2}$ (Gl. 1 und 2) sowie s % mit $s \cdot 100/\bar{x}$ (Gl. 1). Bevor aus einer Datenmatrix gemäß Tab. 1 Schlußfolgerungen auf normierte Prüfgrößen gezogen werden, wird geprüft, ob die Einzelwerte einer Mikro-Grundgesamtheit entstammen, was üblicherweise in einem 3-stufigen Verfahren vorgenommen wird und die Erkennung aller Erscheinungsformen abweichender Daten (Ausreißer) ermöglicht:

a) Laborintern stark streuende Einzeldaten x_i

Prüfung: Nach Ordnen der Werte entsprechend ihrer Größe ($x_1 \dots x_m$) wird das Verhältnis der Differenzen zwischen den beiden höchsten Werten (x_{m-1} und x_m) zur Gesamtdifferenz (x_1 bis x_m) ermittelt (Dixon-r-Test). Als Prüfgröße dient (Gl. 3):

$$(3) \qquad r = \frac{|x_{m-1} - x_m|}{|x_1 - x_m|}$$

Ein zweiter Test (nach *Grubbs*) prüft direkt den „*ausreißerverdächtigen*" Wert x_i in Relation zum Labormittelwert $\bar{x}_i$ und der laborinternen Standardabweichung s_i über die Prüfgröße (Gl. 4):

$$(4) \qquad r = \frac{|x_i - \bar{x}_i|}{s_i}$$

Überschreiten so ermittelte Werte die tabellierten Grenzwerte, ist das Vorliegen von Ausreißern anzunehmen (siehe Tab. bei DINKLOH u. a., 1980 b).

b) Stark streuende Labormittelwerte $\bar{x}_i$

Prüfung: Analog zum Prüfpunkt 1 wird nach *Grubbs* verfahren, dabei sind anstelle der laborinternen Daten jeweilige Labormittelwerte $\bar{x}_i$, der Gesamtmittelwert $\bar{\bar{x}}^*$ und die vorläufige Gesamtstandardabweichung s_v^* zu verwenden. Gebräuchlich ist auch die Ermittlung einer Prüfgröße nach (Gl. 5), GOTTSCHALK, (1966):

$$(5) \qquad r = \frac{|\bar{x}_i - \bar{\bar{x}}^*|}{s_v^*} \cdot \sqrt{\frac{n}{n-1}}$$

Der Tabellenvergleich so errechneter Prüfgrößen erfolgt in Abhängigkeit von *P* und *FG*.

c) Laborinterne Streuungen s_i überschreiten die vorläufigen Gesamtstreuungen s_v^* und s_w^*

Nach der aus einem vereinfachten F-Test abgeleiteten Prüfung (DINKLOH u. a., 1980b)

$$s_i > 2 s_v^*$$

sind jene Datensätze zu eliminieren, deren Streuungen s_i diese Bedingung erfüllen. Ihr Einfluß auf s_w^* wird im Sinne eines *Bartlett*-Tests (DOERFFEL, 1984) geprüft. Hierzu genügt im allgemeinen die Errechnung der Größe χ^2 (Gl. 6):

$$(6) \qquad \chi^2 = 2{,}303 \left[m(n-1) \left(\log \frac{\sum s_i^2}{m} - \frac{1}{m} \sum \log s_i^2 \right) \right]$$

(bei nicht eindeutigem Ergebnis der Prüfung kann χ^2 noch entsprechend korrigiert werden, WEBER, 1980; DOERFFEL, 1984).

Im Ergebnis wird $\chi^2_{\text{ber}} \leq \chi^2_{\text{tab}}$ (*P*, *FG*) gefordert. Ist dies nicht erfüllt, muß die Berechnung von χ^2 ohne das Labor mit der höchsten Laborstreuung s_i erneut erfolgen (gegebenenfalls ist das Verfahren bis zur Erfüllung der Bedingung ohne das jeweils nächsthöchste s_i zu wiederholen).

Bei Abschluß der Tests liegt eine homogene Matrix vor, aus der abweichende Einzelwerte (Matrixzellen) oder Labormittelwerte (gesamte Zeilen) entfernt wurden. Anhand des verbleibenden Datenumfangs wird die Berechnung der geforderten Prüfgrößen „*Wiederholbarkeit*“ und „*Vergleichbarkeit*“ vorgenommen. Dabei werden zunächst nach Gl. 1 und 2 endgültige Werte für s_w und s_v bestimmt. Wurde $P=0{,}95$ vereinbart (innerhalb $-1{,}96\,s \ldots +1{,}96\,s$ liegen 95 % aller Werte), resultieren Gln. 7–9. Zur Herleitung siehe GOTTSCHALK (1966), HERING und KIRMAS (1974) sowie DOERFFEL (1984).

Wiederholbarkeit W′ (Gl. 7):

(7) $$W' = \frac{1{,}96 \cdot 2s_w}{\sqrt{2}} = 2{,}77\ s_w$$

(maximal zulässige Differenz zwischen 2 Einzelwerten unter Wiederholbedingungen)

Wiederholbarkeit W (Gl. 8):

(8) $$W = W'/\sqrt{2}$$

(maximal zulässige Differenz zwischen 2 arithmetischen Mittelwerten aus Doppelbestimmungen unter Wiederholbedingungen).

Vergleichbarkeit V (Gl. 9):

(9) $$V = \frac{2{,}77\ s_v}{\sqrt{2}}$$

(maximal zulässige Differenz zwischen 2 arithmetischen Mittelwerten aus Doppelbestimmungen 2 verschiedener Labors – Vergleichsbedingungen –).

2.3. Verzeichnis verwendeter Symbole

n : Gesamtzahl der Labors (Total number of labors)
m : Gesamtzahl der Daten je Labor (Total number of data per labor)
$\bar{x}$: Labormittelwert (Labor mean)
$\bar{\bar{x}}$: Gesamtmittelwert (General mean)
s^2 : Varianz (Variance)
s : Standardabweichung, absolut (Standard deviation)
s % : Standardabweichung, relativ (Coefficient of variation)
r : Prüfgröße für r-Test (Test-value for r-test)
χ^2 : Prüfgröße für *Bartlett*-Test (Test-value for *Bartlett*-test)
FG : Freiheitsgrade (Degrees of freedom)
P : statistische Sicherheit (Confidence)
W, W': Wiederholbarkeit (Repeatability)
V : Vergleichbarkeit (Reproducibility)

Mit Indices „v“ oder „w“ versehene Größen (z. B. s_v) kennzeichnen den Geltungsbereich (z. B. Standardabweichung unter Vergleichsbedingungen), mit „i“ versehene Größen (z. B. $\bar{x}_i$) bezeichnen beliebige Werte der Datenmatrix, durch „*“ (z. B. s_v^*)

werden vorläufige statistische Größen hervorgehoben, die nach *Ausreißertests* Änderungen erfahren können.

Tabellierte Grenzwerte statistischer Tests wurden mit dem Index „*tab*" versehen (z. B. r_{tab}).

3. Ergebnisse und Diskussion

3.1. Qualitätskontrolle der Nährstoffuntersuchungen

Wie in Tab. 2 dargestellt, können bei Auswertung von Versuchsergebnissen aus 9 Jahren den jeweiligen Komponenten typische Streubreiten zugeordnet werden.

Tabelle 2 (Table 2)

Relative Vergleichsstandardabweichungen (s_v %) errechnet für Bestimmungen von Hauptkomponenten in Grob- und Mischfuttermitteln entsprechend ihrer Gehaltsspannen (g/kg Trockensubstanz) aus 60 Ringversuchen der Jahre 1977–1985

[Coefficients of variation of the reproducibility (s_v %) calculated for determinations of main-components in rough feedstuffs and feed-mixes according to their concentration-ranges (g/kg dry matter) resulting from 60 interlaboratory trials, years 1977–1985]

Parameter (Parameter)	Probenmaterial (Sample material)	untersuchte Gehaltsspannen (g/kg TS) [Examined concentration-ranges (g/kg DM)]	s_v % (Coefficient of variation of the reproducibility)
Rohasche (Ash)	Grobfutter (Rough feedstuffs)	55–122	3– 9
	Mischfutter (Feed-mixes)	40–136	5–15
Rohfaser (Crude fibre)	Grobfutter (Rough feedstuffs)	225–440	2– 5
	Mischfutter (Feed-mixes)	40– 50	6–14
Rohprotein (Crude protein)	Grob- u. Mischfutter (Rough and mixed feedstuffs)	38– 99	5– 6
	Grob- u. Mischfutter (Rough and mixed feedstuffs)	132–670	2– 4
pepsinunlösliches Rohprotein (Crude protein, indigestible in pepsin)	Grobfutter (Rough feedstuffs)	18– 28	10–16
	Grobfutter (Rough feedstuffs)	31–114	5– 9
Kalzium (Calcium)	Mischfutter (Feed mixes)	10– 41	7–15
Natrium (Sodium)	Grobfutter (Rough feedstuffs)	1– 2	15–29
	Mischfutter (Feed-mixes)	2– 3	7–12
Phosphor (Phosphorus)	Grob- u. Mischfutter (Rough and mixed feedstuffs)	3– 4	4– 8
	Grob- u. Mischfutter (Rough and mixed feedstuffs)	5– 6	7– 8
	Mischfutter (Feed-mixes)	7– 12	6– 9

So ist für die Parameter Rohasche und Rohfaser aufgrund unterschiedlicher Verteilungen der Ausgangsstoffe in Mischfuttern sowie Entmischungen bei der Probenteilung und teilweise niedriger Gehalte eine Gesamtstreuung von ca. 15 % zu berücksichtigen. In Grobfuttern betragen diese Streuungen allgemein 3–5 % und erreichen nur in niedrigen Gehaltsbereichen Werte bis zu 9 %. Probleme der Verteilung führen auch bei der Bestimmung von Kalzium und Natrium zu Gesamtstreuungen von 7 bis 15 %, die im Falle niedriger Gehalte weiter ansteigen.

Hervorzuheben sind die Ergebnisse der Bestimmung des Rohproteins und Phosphors:
Nahezu unabhängig vom betrachteten Gehalt und der angewendeten Methodik (sowohl klassische Kjeldahldestillationen, biamperometrische und coulometrische Verfahren sind in der Praxis gebräuchlich) werden bei Rohproteinkonzentrationen über 100 g/kg TS Streuungen unter 5 % beobachtet, die auch bei extrem niedrigem Gehalt in einer Strohprobe (38 g/kg TS) 6 % nicht überschreiten. Wird diese Bestimmung im Anschluß an einen enzymatischen in-vitro-Umsatz mit Pepsin zur Ermittlung des pepsinunlöslichen Rohproteingehaltes ausgeführt, sind zusätzlich fehlerbeeinflussende analytische Operationen unvermeidbar. Die ermittelten Gesamtstreuungen in Ringversuchen überschreiten dennoch 9 % nicht. Erst in nicht hitzegeschädigten Proben niedriger Gehalte sind höhere Streuungen zu beachten, was für quantitative Aussagen ohne Belang ist (der aktuelle Grenzwert beträgt 30 % pepsinunlösliches Rohprotein zum Gesamtrohproteingehalt).

Niedrige, weitgehend material- und gehaltsunabhängige Streuungen der photometrischen Phosphorbestimmung (4–9 %) weisen auf die hohe Präzision dieses Analysengangs hin.

Obwohl anhand dieser Aussagen weiterhin gezeigt werden konnte, daß nach schrittweisem Übergang von komplexometrischen zu flammenphotometrischen Kalziumuntersuchungen übereinstimmende Werte s_v erhalten wurden, erschöpft sich damit der erzielbare Informationsgewinn für das versuchsleitende Labor. Auch für Versuchsteilnehmer wird der Wert derartiger Resultate aufgrund nachfolgender Probleme eingeschränkt:

- Zentrale Auswertungen liegen bei Beteiligung von mehr als 20 Labors frühestens nach 2–3 Wochen vor. Eine Ursachenklärung aufgetretener Abweichungen ist kaum mehr möglich (verwendete Reagenzien wurden zwischenzeitlich verbraucht, Geräte unter Umständen ausgewechselt, interne Kontrollproben aus neuem Material gewonnen)
- Treten nicht homogene Daten in Ringversuchen oder verschiedene bzw. schiefe Häufigkeitsverteilungen auf, sind Abweichungen einzelner Labors, die unter Umständen ohne eigenes Verschulden zustande kommen, nicht aufzuklären.
- Erhöht sich die Gesamtstreuung s_v, werden *Ausreißertests* unempfindlich. Unexakte Resultate sowie interne Qualitätsmängel bleiben unerkannt. Sie wären jedoch bei Nichtteilnahme von Labors mit höheren analytischen Abweichungen aufgedeckt worden.

3.2. Ermittlung von Prüffehlern aus Ringversuchen

Zum derzeitigen Stand ergeben sich in der Ableitung von Prüffehlern aus Ringversuchsergebnissen folgende Probleme:

a) Ermittelte Werte der Wiederholbarkeit entsprechen in vielen Fällen nicht der Realität. Ihre Höhe kann weitgehend willkürlich von Versuchsteilnehmern beeinflußt werden, eine objektive Beurteilung durch das versuchsleitende Labor ist nur bedingt möglich.
b) Die Bestimmung von Werten der Vergleichbarkeit V gelingt oft mit guter Reproduzierbarkeit. Verfahren, die sich durch eine hohe Präzision auszeichnen und von Anwenderlabors beherrscht werden, sollten in Ringversuchen niedrige Beträge für V aufweisen. Vielfach ist V jedoch unerwartet hoch und zusätzlich $W << V$.
c) Zur Interpretation statistischer Daten aus Ringversuchen ist die Kenntnis zwangsläufig auftretender Versuchsfehler unerläßlich (ihre Formulierung ist in herkömmlichen Versuchsplanungen nicht vorgesehen). Nur unter der Bedingung, daß das Fehlergeschehen von Abweichungen innerhalb und zwischen Labors bestimmt wird (der Versuchsfehler also vernachlässigbar ist), sind verallgemeinernde Schlußfolgerungen auf W und V zulässig.

Die genannten Probleme zur Ermittlung von W und V haben oft ihren Ausgang in nicht modellgerechten Versuchsausführungen durch Enquete-Teilnehmer:

Das als Enquete-Probe gekennzeichnete Material wird von versierten Mitarbeitern in Form ausgedehnter Serien unter Einsatz eigener Reagenzien und dafür reservierter Geräte untersucht.

So werden Datensätze ($m = 10$, 20 ... 30!) hoher Übereinstimmung erhalten, die in guter Näherung zu *„wahren“* Werten liegen können. Daraus abgeleitete Beträge für W sind jedoch unter Praxisbedingungen bei der Bearbeitung täglich mehrerer Hundert Proben nur noch schwer einhaltbar. Treten in den Meßserien unerkannte, systematische Fehler auf, können eventuell dennoch Daten hoher Reproduzierbarkeit erhalten werden, deren Mittelwerte $\bar{x}_i$ allerdings höhere Abweichungen zu *„wahren“* Werten $\bar{\bar{x}}$ aufweisen.

Solche Mittelwerte $\bar{x}_i$ werden in der anschließenden Verrechnung über *Ausreißertests* erkannt und eliminiert. Im Falle geringerer aber dennoch systematischer Fehler sowie bei nichtmodellgerechter Behandlung des Versuchs durch weitere Labors (Häufung geringer systematischer Fehler) erhöht sich s_v. Ausreißer sind dann nach den genannten Tests kaum oder nicht nachweisbar, V steigt in einer dem tatsächlichen analytischen Leistungsvermögen nicht entsprechenden Weise.

Von verschiedenen Autoren wurden deshalb Vorschläge für eine sachgemäße Durchführung von Ringversuchen unterbreitet. Nicht ausreichend ist, Proben von ein und demselben Bearbeiter an gleichen Geräten untersuchen zu lassen (siehe auch DINKLOH u. a., 1980 a) oder größere zeitliche Abstände zwischen den Bestimmungen zu fordern (SCHÜTZ, 1978; DINKLOH u. a., 1980 a). Auch Versuche mit *„geteilten Niveaus“* (ISO-STANDARD, 1981) sind gleichermaßen nicht empfehlenswert. Hierbei werden den Teilnehmern 2 Proben ähnlicher Gehalte zur Untersuchung übergeben, um laborinterne Resultatsmanipulationen zu vermeiden und reale Werte W zu erhalten. Neben der auch bei dieser Verfahrensweise möglichen nicht realistischen *„Serienanalytik“* und der Gefahr des Auftretens unerkannter, systematischer Fehler, wirkt zusätzlich ein weiterer materialbedingter Fehler, der in Versuchen an „einheitlichen Niveaus" ohne Belang ist. Da dieser Fehler auch bei optimaler Vorbereitung beider Proben aufgrund unterschiedlicher Probenmatrices und eventuell verschiedener Homogenitäten in den Materialien nie vollständig auszuschließen ist, sind so ermittelte Werte W für Aussagen zur analytischen Qualität in Labors nur von eingeschränkter Bedeutung. Demgegenüber trägt die Ausführung *„unabhängiger Bestimmungen"* durch Versuchsteilnehmer den Forderungen an objektive Ringanalysenformen Rechnung. Hierbei werden alle Einzeldaten in einem Labor von verschiedenen qualifizierten Bearbeitern mit unterschiedlichen Reagenzien und Meßgeräten gemäß vorgegebenem Zeitplan erstellt. So können nicht nur tatsächliche, laborinterne Reproduzierbarkeiten ermittelt, sondern systematische Fehler schnell und unkompliziert erkannt werden (Hering u. v. Lengerken, 1981).

Damit eine exakte statistische Betrachtung der Resultate möglich wird, sind die verschiedenen Tests so zu handhaben, daß weder Fehler des Modells weiter verstärkt werden, noch eine Idealisierung der Daten vorgenommen wird.

Folgende Grundsätze sind zu beachten:

a) Richtige Wiedergabe laborinterner Mittelwerte und Streuungen:
Ergibt sich nach Gl. 3 und 4, daß Labordaten nicht einer Grundgesamtheit entstammen, sind alle Werte des jeweiligen Labors zu eliminieren. Wird nur der jeweilige abweichende durch einen zusätzlich ermittelten oder den Mittelwert der verbleibenden Restdaten ersetzt, resultieren laborspezifische Kenngrößen $\bar{x}_i$ und s_i, die analytischen Gegebenheiten nicht entsprechen.

b) Am Leistungsvermögen der Verfahren orientierte Tests auf Ausreißer $\bar{x}_i$:
Die Interpretation theoretischer Zusammenhänge für Testverfahren (Grubbs- oder Nalimov-Tests) wird vielfach unterschiedlich oder willkürlich vorgenommen, so daß ihre praktische Anwendung im Widerspruch zu begründeten Herleitungen stehen kann (Streuli, 1980). Hieraus darf jedoch unseres Erachtens nicht geschlußfolgert werden, daß fehlerhafte Meßwerte nur sehr selten auftreten. Entgegen Streuli (1980) bedürfen stärker streuende Mittelwerte $\bar{x}_i$ einer besonders kritischen Prüfung, wenn Abweichungen auftreten, die in einer dem Analysenverfahren untypischen Größenordnung liegen. In jedem Fall sind strenge Tests anzuwenden, denn nur so wird vermieden, daß s_v und V höhere Beträge annimmt und damit nicht tolerierbare Abweichungen zwischen Ergebnissen mehrerer Labors zugelassen werden.
Die Bedeutung von V besteht schließlich nicht zuletzt darin, daß bewährte Kontrollmethoden profilierter Labors von weniger qualifizierten übernommen werden.
Nachstehendes Beispiel verdeutlicht mögliche Unterschiede in der Schärfe der Aussagen zweier *Ausreißertests*:

In einem Ringversuch mit 30 Teilnehmern wird $\bar{\bar{x}}^* = 80$ und $s_v^* = 4$ ermittelt. Ein Wert $\bar{x}_i = 70$ ist auf mögliche Abweichung zu prüfen. Nach Gl. 4 folgt $r = |70-80|/4 = 2{,}500$. Da $r < r_{tab} = 2{,}745$, wird das Vorliegen eines Ausreißers nicht angenommen. Gemäß Gl. 6 resultiert hingegen $r = 2{,}500 \cdot \sqrt{30/29} = 2{,}543$.
Mit $r > r_{tab} = 2{,}492$ ist eine Abweichung zu vermuten (Tabellenwerte den jeweils zu Gl. 4 und 5 zugehörigen, unterschiedlichen Tabellen entnommen). Der Wert $\bar{x}_i = 70$ wurde eliminiert. Wiederholende Untersuchungen ergaben einen in der Ergebnisverrechnung des Labors nicht berücksichtigten Blindwert.

Tests auf Ausreißer sollten den Umfang der Daten berücksichtigen, dem zu prüfende Werte entstammen. Erfordert eine Versuchsanstellung die deutliche Reduzierung der Teilnehmerzahl, sind bei vergleichbarem Verhalten der Daten zu Versuchen mit größerem Teilnehmerkreis analoge Rückschlüsse nicht in jedem Fall zutreffend. Hier ist es vorteilhaft, wenn der angewendete Test dies wie in Gl. 5 durch ein Korrekturglied berücksichtigt:

Die Auswertung eines Versuchs ergab $\bar{\bar{x}}^*=103$ und $s_v^*=5$. Ein Wert $\bar{x}_i=91$ weicht von den übrigen Daten deutlich ab. Bei 42 Teilnehmern folgt nach Gl. 4 $r=2{,}400<r_{tab}=2{,}866$ und nach Gl. 5 $r=2{,}429<r_{tab}=2{,}518$ übereinstimmend, daß der geprüfte Wert nicht zu entfernen ist. Es darf lediglich vermerkt werden, $\bar{x}_i=91$ ist *„wahrscheinlich anormal"*, GOTTSCHALK (1966).

Beteiligen sich nur 21 Labors am Versuch, ist der Wert nach Gl. 4 im Datenkollektiv zu belassen, da $r=2{,}400<r_{tab}=2{,}580$. Gemäß Gl. 5 wird der Wert als *„statistisch gesichert anormal"* beurteilt ($r=2{,}459>r_{tab}=2{,}454$) und entfernt.

c) Umsichtige Handhabung des BARTLETT-Tests

Liegen von Versuchsteilnehmern idealisierte oder über den GRUBBS-Test geglättete Einzeldaten vor, werden nach Gl. 6 *reale* Laborteilstreuungen s_i unter Umständen schon im Falle geringfügig erhöhter, jedoch der Laborpraxis entsprechender Werte, aus der Errechnung von s_w und W ausgeschlossen. Vorgeschrieben war bisher lediglich, daß maximal 10–25 % aller Labors eliminiert werden durften. Hierdurch wird weitere Idealisierung in der Auswertung gefördert. Der von SCHÜTZ (1978) empfohlene Weg, auch jeweils kleinste Streuungen s_i zu eliminieren, ist von geringer Wirkung, da der Test in diesen Fällen zu unempfindlich ist (deutliche Änderungen in χ^2 werden nur bei Eliminierung hoher Werte s_i hervorgerufen).

Kann anhand des Tests kein plausibles Resultat erzielt werden, sollte auf die Ermittlung von W verzichtet und der Ringversuch wiederholt werden.

Zur praktischen Anwendung ermittelter Größen der Wiederholbarkeit und Vergleichbarkeit ist abschließend zu beachten, daß für *„unabhängige Bestimmungen"* (HERING u. v. LENGERKEN, 1981) Wiederholbedingungen exakt definiert sind, jedoch die nach Gl. 8 berechnete Größe W weder herkömmlichen noch anzustrebenden Organisationsformen der Laborarbeit entspricht. Ihr Gebrauch sollte deshalb künftig entfallen.

Zusammenfassung

Eine Wertung von 60 Ringversuchen mit jeweils 30–35 Futtermittellabors aus 9 Jahren zeigt, daß Gesamtstreuungen zwischen den Labors gehaltsabhängig für Rohasche 3–15 %, Rohfaser 2–14 %, Rohprotein 2–6 %, pepsinunlösliches Rohprotein 5–16 %, Kalzium 7–15 %, Natrium 7–29 % und Phosphor 4–9 % betragen.

Die Eignung von Ringversuchsergebnissen für laborinterne Kontrollmaßnahmen wird nicht allein durch zeitlich verzögerte Ergebnisbereitstellung erschwert, sondern auch durch Faktoren wie das Auftreten mehrerer oder schiefer Häufigkeitsverteilungen sowie unerkannte, systematische Fehler in den Labordaten, die über *Ausreißertests* nicht erfaßt werden.

Zur Ermittlung von Prüffehlern der Wiederholbarkeit und Vergleichbarkeit werden geeignete Tests auf verschiedene Ausreißer empfohlen und Hinweise zur Beurteilung abweichender Werte gegeben.

Herkömmliche Versuchsanstellungen weisen Wiederholbarkeiten zu niedrig aus, während Daten der Vergleichbarkeit in vielen Fällen nicht der tatsächlichen Leistungsfähigkeit der Bestimmungsmethoden entsprechen.

Zur objektiven Erfassung von Prüffehlern werden die Anwendung unabhängiger Bestimmungen sowie erweiterter varianzanalytischer Untersuchungen vorgeschlagen, die sowohl näheren Aufschluß über den tatsächlichen Einfluß laborinterner und -externer Streuungen erbringen als auch Aussagen zur Größe von Versuchsfehlern ermöglichen.

Резюме

К. Циммерманн и И. Ф. Ленгеркен

По объективной оценке результатов из кольцевых опытов

Оценка 60 кольцеывх опытов с 30–35 лабораторий в каждом показывает, что общие отклонения между лабораториями найдены в зависимости от содержания у сырой золы (3–15 %), клетчатки (2–14 %), сырого протеина (2–6 %), нерастворимого в пепсине сырого протеина (5–16 %), Ca (7–15 %), Na (7–29 %) и P (4–9 %).

Пригодность кольцевых опытов для контрольных мероприятий в лаборатории трудно оценивать из-за неравномерного получения результатов и других факторов как появления некоторых или неровных частностей и неизвестных систематических ошибок в данных лаборатории, которые не определяются с помощью тестов для

Для определения ошибок при проверке повторности и справнительности рекомендуется несколько тестов для беглеци и методов для оценки отклоняемых данных. При настоящих проведениях опытов повторности слишком низко, а данные сравнительности в многих случаях не соответствуют настоящей возможности методов анализа. Для объективного определения ошибок при проверке рекомендуют применение независимых методов сенализа и расширенные вариационные анализы, которые лучше улавляют настоящее влияние всяких — в лаборатории сам и внелабораторно — отклонений и кроме того дают возможность оценивать величину опытных ошибок.

Summary

K. Zimmermann and J. v. Lengerken

On the objective critical examination of results from ring experiments.
1. Critical stock-taking

An assessment of 60 ring experiments with 30–35 feedstuff laboratories each over 9 years showes that the total dispersion, dependent on content, is 3–15 % for ashes, 2–14 % for crude fibre, 2–6 % for crude protein, 5–16 % for crude protein insoluble in pepsin, 7–15 % for calcium, 7–29 % for sodium and 4–9 % for phosphorus.

The suitability of the results of ring experiments for control measures in the laboratory is not only diminished by the delayed supply of results but also by the existence of different or skew frequency distributions as well as unrecognized systematic errors in the laboratory data not registered with outlier-tests.

Suitable tests for various outliers are recommended for the ascertainment of test-errors of repeatability and comparability and hints are given for the assessment of deviant values.

Traditional test arrangements show too low repeatability while in many cases data of comparability do not match the actual efficiency of the methods of determination.

The application of indipendent determination methods and extended variance analytical investigations are suggested for the objective ascertainment of test errors, which give evidence of the actual influence of dispersion inside and outside the laboratory and which make statements on the size of test errors possible.

Literaturverzeichnis

[1] DINKLOH, L., W.-J. BECKER, A. BEYER, S. BÖHMEKE, V. DAMMAN, W. DÜRR, W. FUNK, H.-P. HESSE, B. KOLLOCH, H. KRUTZ, W. REGNET, A. SCHULTE und W. WEISBRODT: Z. Wasser Abwasser Forsch. **13**, 54 (1980)

[2] DINKLOH, L., W.-J. BECKER, A. BEYER, S. BÖHMEKE, V. DAMMAN, W. DÜRR, W. FUNK, H.-P. HESSE, B. KOLLOCH, H. KRUTZ, W. REGNET, A. SCHULTE und W. WEISBRODT: Z. Wasser Abwasser Forsch. **13**, 174 (1980)

[3] DOERFFEL, K.: Statistik in der analytischen Chemie. VEB Deutscher Verlag für Grundstoffindustrie Leipzig (1984)

[4] GOTTSCHALK, G.: Einführung in die Grundlagen der chemischen Materialprüfung. S. Hirzel Verlag Stuttgart (1966)

[5] HERING, D. und D. KIRMAS: Nahrung **18**, 783 (1974)

[6] HERING, D. und J. v. LENGERKEN: Arch. Tierernähr. **31**, 557 (1981)

[7] ISO-Standard 5725: Präzision von Prüfverfahren – Bestimmung der Wiederholbarkeit und Vergleichbarkeit durch Ringversuche. 1. Ausgabe vom 1. 4. 1981

[8] SCHÜTZ, U.: Chem. Techn. **30**, 104 (1978)

[9] STREULI, H.: Z. Anal. Chem. **303**, 406 (1980)

[10] WAGNER, E.: Vom Wasser **52**, 87 (1979)

[11] WEBER, E.: Grundriß der biologischen Statistik. VEB Gustav Fischer Verlag Jena (1980)

[12] v. LENGERKEN, J., J. KIRMAS und D. HERING: Arch. Tierernähr. **35**, 133 (1985)

Eingegangen: 23. Oktober 1985

Anschrift der Autoren:

Dr. K. ZIMMERMANN u. Dr. J. v. LENGERKEN
Zentralstelle für Futtermittelprüfung und Fütterung Halle-Lettin
Schiepziger Str. 35
Halle-Lettin
DDR - 4057

Arch. Anim. Nutr., Berlin 37 (1987) 5, 451–466

S. POPPE, Wilhelm-Pieck-Universität Rostock, DDR

Workshop zu Problemen der Verdauungsphysiologie beim Wiederkäuer (Rostock, 16.–17. 1. 1986)

Einleitung

Am 16. und 17. Januar 1986 fand an der Wilhelm-Pieck-Universität im Wissenschaftsbereich Tierernährung der Sektion Tierproduktion ein Workshop zu ausgewählten Problemen der Verdauungsphysiologie der Wiederkäuer statt. Daran nahmen Wissenschaftler der Wilhelm-Pieck-Universität Rostock, des Forschungszentrums für Tierproduktion Dummerstorf/Rostock, der Karl-Marx-Universität Leipzig und der Humboldt-Universität Berlin sowie Aspiranten aus Kuba und Syrien und eine Gruppe Wissenschaftler aus der BRD von der Universität Kiel teil.

In sehr regen Diskussionen wurden fachliche Fragen, wie zum Beispiel Fragen zur Proteinbewertung beim Wiederkäuer, Probleme der Ermittlung der bakteriellen Proteinsynthese, des Einsatzes von Markern bei der Bestimmung der Verdaulichkeit sowie Fragen der Stärkeverdauung und Analytik behandelt.

Die Mehrzahl der Teilnehmer haben Kurzfassungen ihrer Beiträge zur Verfügung gestellt, die nachfolgend veröffentlicht werden.

H. HAGEMEISTER und H. ERBERSDOBLER, Universität Kiel, BRD

Messung der präzäkalen Verdaulichkeit von Protein mit der Homoarginin-Methode

Eine genaue Messung des nicht resorbierten Anteils des Nahrungsproteins in einzelnen Abschnitten des Verdauungstraktes setzt voraus, daß man zwischen exogenem und endogenem Protein unterscheiden kann. Zur Markierung des Nahrungsproteins ist die Homoarginin-Methode (Hagemeister und Ebersdobler, 1985) geeignet, bei der die Aminosäure Lysin in einer chemischen Reaktion mit Methyl-iso-Harnstoff in Homoarginin umgewandelt wird. Im Gegensatz zu anderen Markierungssubstanzen (^{15}N; ^{13}C; ^{14}C) wird Homoarginin nicht in endogenes Protein eingebaut, so daß Darmabschilferungen und Pankreaseiweiß frei von Homoarginin sind. Homoarginin wird nach der Resorption von dem Enzym Arginase, das vorwiegend in der Leber vorkommt, unter Abspaltung von Harnstoff in Lysin zurückverwandelt. Bei Anwendung dieser Methode zur Verdaulichkeits- bzw. Resorptionsmessung gehen wir davon aus, daß sich alle übrigen Aminosäuren hinsichtlich der Resorption wie das Homoarginin verhalten.

Die Versuche wurden an zwei Göttinger Miniaturschweinen durchgeführt, die jeweils eine Fistel am Duodenum und am Ileum hatten. Die Tiere erhielten eine halbsynthetische Ration mit 20 % Kasein bzw. Sojaisolat als Proteinträger. Nach der Morgenfütterung wurde der Darminhalt über 34 Stunden quantitativ gesammelt.

Zum Beleg, daß kein Homoarginin in endogene Sekrete eingebaut und freies Homoarginin vollständig resorbiert wird, wurde freies Homoarginin kontinuierlich ins Duodenum infundiert und am Ileum der Darminhalt auf Homoarginin untersucht. Hierbei ließ sich kein Homoarginin nachweisen.

Bei der Messung der Verdaulichkeit wurden 50 % der Proteinzufuhr in Form des markierten Kaseins bzw. Sojaisolates gegeben. Der Grad der Markierung betrug 97 bzw. 94 % des im Protein enthaltenen Lysins. Im Darminhalt wurden Gesamtstickstoff (Kjeldahl) und nach Hydrolyse mit 6 N HCL Homoarginin und Lysin im Aminosäureanalysator bestimmt.

Die Untersuchungen ergaben für Kasein und für Sojaisolat eine präzäkale Resorption von 99,5 bzw. 99,4 Prozent. Für hitzegeschädigtes Kasein wurden entsprechende Werte von 93 und 97 % gemessen. Eine Anwendung der Methode bei Nahrungsproteinen, die wegen einer Hitzeschädigung und entsprechender Blockierung des Lysins nicht vollständig markierbar sind, setzt aber voraus, daß keine Unterschiede in der präzäkalen Verdaulichkeit bestehen zwischen dem Teil des Proteins, der der Markierung zugänglich ist und dem restlichen Teil, der aufgrund der Hitzeschädigung nicht mehr markierbar ist. Hierzu sind weitere Untersuchungen durchzuführen. Außerdem muß noch geklärt werden, ob der Vorgang der Markierung, der bei pH-Werten um 10,5 abläuft, einen Einfluß auf die Verdaulichkeit des Proteins hat.

Literatur:

HAGEMEISTER, H. und H. EBERSDOBLER: Proc. Nutr. Soc. **44**, 33 A (1985)

M. BRANDT und IMKE Kühn, Universität Kiel, BRD

Photometrische Bestimmung von Cr-EDTA als Cr-Diphenylkarbazon-Komplex im Darminhalt und Kot nach Kjeldahlaufschluß

Bei Verdaulichkeitsmessungen wird routinemäßig der Kjeldahlaufschluß zur N-Bestimmung durchgeführt. Deshalb wurde geprüft, ob dieser Aufschluß für die analytische Bestimmung des als Indikator für Verdaulichkeitsuntersuchungen verwendeten Cr-EDTA geeignet ist. Hierfür bot sich die photometrische Bestimmung als Cr-Diphenylkarbazon-Komplex an, wobei das im Kjeldahlaufschluß vorliegende Cr^{III} zu Cr^{VI} oxidiert werden muß.

Als kritisch für die Analyse erwiesen sich die Beseitigung des Oxidationsmittelüberschusses und das im Kjeldahlaufschluß (siehe nachfolgende Kurzfassung zur TiO_2-Bestimmung) als Katalysator enthaltene Cu. Durch eine Fällung bei pH 7–7,2 (F. Reinhold, Vom Wasser, 61 (1983)) konnten sowohl das Oxidationsmittel Cer^{IV}

(P. D. Blundy, Analyst 83 (1958) S. 555) als auch Cu quantitativ entfernt werden. Der Blindwert war im Chymus und Kot der Rinder erheblich höher als bei Schweinen und Schafen und als im Überstand des Rinderchymus.
Verfahrensweise: 5 ml verd. Kjeldahllösung mit 20–50 μg Cr werden in einem 50 ml Meßkolben mit 16 %iger NaOH neutralisiert (deutliche Blaufärbung des Cu), sofort mit 3 ml 1 N H_2SO_4 versetzt und zur Oxidation des Cr 1 h mit 250 μl 2 %iger schwefelsaurer (1 N) Cer^{IV}-Sulfatlösung im kochenden Wasserbad gehalten. Die abgekühlten Cer-gefärbten Lösungen werden mit 1 N NaOH neutralisiert, sofort mit 10 ml KH_2PO_4/Na_2HPO_4-Puffer (10 %ig w/v, pH 7,2) und 500 μl 10 %iger Aluminiumsulfat-Lösung versetzt, auf 50 ml mit bidestilliertem Wasser aufgefüllt und gefiltert (Schleicher und Schüll Nr. 589). Anschließend (innerhalb von 30 Minuten) werden 10 ml des Filtrats mit 3 ml 12,5 %iger H_3PO_4 versetzt und der Farbkomplex durch Zugabe von 0,5 ml 0,5 %iger azetonischer Diphenylkarbazidlösung gebildet. 10 und 20 Minuten nach Zugabe der Diphenylkarbazidlösung wird bei einer Wellenlänge von 542 nm gemessen. Nach der Oxidation werden ausschließlich p. a.-Reagenzien verwendet. In den damit hergestellten Lösungen wird geprüft, ob sie Substanzen enthalten, die im neutralen oder sauren Bereich Cr^{VI} reduzieren. Die Eichkurve wird mit Cr-EDTA und Duodenalchymus, der Blindwert mit Cr-EDTA-freien Kot- und Chymusproben ermittelt.

M. Brandt und S. M. Allam, Universität Kiel, BRD/El Fayoum, Ägypten

Analytik von TiO_2 im Darminhalt und Kot nach Kjeldahlaufschluß

Für die Analytik von TiO_2, das in reiner Form oder als Bestandteil von Kunststoffen als Indikator bei Verdaulichkeitsmessungen eingesetzt werden kann, bietet sich der Kjeldahlaufschluß an, der routinemäßig bei Verdaulichkeitsuntersuchungen für die N-Bestimmung durchgeführt wird: TiO_2 ist in heißer, konzentrierter H_2SO_4 langsam löslich und bildet in schwefelsauren Lösungen mit H_2O_2 einen stabilen, gelben Komplex (Bendig und Hirschmüller, Z. anal. Chemie 120 (1940) S. 385).

Die Farbintensität des Komplexes im verdünnten Kjeldahlaufschluß war zwischen 3 und 6 N H_2SO_4 stabil und wurde weder durch $CuSO_4$ (für den Kjeldahlaufschluß verwendeter Katalysator) noch durch Cr^{III} (parallel zum TiO_2 eingesetzter Indikator) oder durch Matrixeffekte aus Darminhalt oder Kot beeinflußt. Der bleichende Effekt von Alkalisulfaten und Phosphorsäure auf die Komplexfarbe war bei den verwendeten Mengen vernachlässigbar gering oder wurde durch Verwendung standardisierter Mengen bei den Eich- und Probenlösungen kompensiert.

Messungen in Chymus- und Kotproben von Rindern, die kein Indikator-TiO_2 enthielten, führten zu Blindwerten, die von Tag zu Tag erheblich variierten (ausgedrückt in TiO_2-Äquivalenten: 0,02–0,15 mg je g TS im Duodenalchymus) und erheblich höher waren als entsprechende Messungen im Kot von Schafen und Schweinen. Ein geringer Teil dieses variierenden Blindwertes konnte durch Messungen der Eigenfärbung der verdünnten Kjeldahllösungen (ohne H_2O_2-Zusatz) erfaßt werden. Wegen dieses variierenden Blindwertes sollte die TS des Chymus oder Kotes von Rindern möglichst 10 mg TiO_2 je g TS enthalten.

Verfahrensweise: Gefriergetrockneter, gemahlener Duodenalchymus (2–4 g TS) oder bei Ilealchymus und Kot entsprechende TS-Mengen als Frischmasse werden mit 96 %iger H_2SO_4 (25 ml + 5 ml je g Kot- oder Chymus-TS) und 10 g Reaktionsgemisch (97,5 % K_2SO_4 + 2,5 % $CuSO_4 \cdot 5\,H_2O$) aufgeschlossen und der klar gewordene Aufschluß 3 weitere Stunden gekocht. Die auf 250 oder 500 ml verdünnte Kjeldahllösung soll eine H_2SO_4-Normalität von 1,5–4 aufweisen und 20–60 mg TiO_2 je Liter enthalten. 10 ml Überstand dieser Lösung werden mit 1 ml einer wäßrigen Lösung versetzt, die je 100 ml 35 ml 96%ige H_2SO_4, 15 ml 85 %ige H_3PO_4 und 10 ml 35 %ige H_2O_2 enthält. (Masse-%, Reinheitsgrad reinst). Nach frühestens 1 h wird bei 405 nm in einem Spektralphotometer gemessen. Die mögliche Eigenfärbung (bei 405 nm) der verdünnten Kjeldahllösung wird berücksichtigt, indem sie mit einer Lösung versetzt wird, in der H_2O_2 durch dest. Wasser ersetzt wurde. Als Standards werden schwefelsaure Lösungen (2 N) mit 20 und 60 mg TiO_2 je Liter verwendet.

M. Brandt, H. Wetjen, B. Jautelat und G. Poedjiwo, Universität Kiel, BRD

Zur Eignung von TiO_2 und TiO_2-haltigen Kunststoffen als Indikatoren für Verdaulichkeitsschätzungen

Das als Indikator für Verdaulichkeitsschätzungen bereits verwendete TiO_2 (Askew, H. O., New Zealand J. Sci. Techn. **13** (1931) S. 76) und Kunststoffe, die TiO_2 als Weißmittel enthalten, wurden bei Wiederkäuern getestet.

Viermal täglich mit dem Futter verabreichtes reines TiO_2 wurde zu 94–100 % im Kot von fistulierten Kühen wiedergefunden. Die TiO_2-Verabreichung begann 14 Tage vor den 6-tägigen Kotsammelperioden. Die mittlere Verweildauer des mit etwa 5 kg Panseninhalt via Fistel verabreichten TiO_2 im Pansen von 4 Kühen (7–11 kg TS Heuverzehr pro Tier und Tag) betrug 18–19 h, im Dünndarm etwa 4 h, im Dickdarm 6–18 h.

Die tageszeitlichen Schwankungen des TiO_2-Flusses durch das Duodenum (Umleitungstechnik, Fütterung einschließlich TiO_2 alle 12 h, 2 Kühe, 12 und 16 kg TS-Aufnahme pro Tag) zeigten eine bessere Übereinstimmung mit den tageszeitlichen Schwankungen des Chymusflusses als bei kontinuierlich in den Pansen infundiertem CrEDTA: Die relativ ausgedrückten Konzentrationen des TiO_2 bezogen auf die TS, org. Substanz und den N des Duodenalchymus variierten während 12 h (2 h-Intervalle) von 94–107, 90–104 bzw. 93–107. Nach diesen Werten sollte der Abstand der Stichprobennahme von Chymus zur Schätzung des Chymusflusses durch das Duodenum mit TiO_2 3 h nicht überschreiten.

Die Verwendung von gemahlenem TiO_2-haltigen und mit einem Antistatikum (Acylsulfat) behandelten Polystyrol oder Polypropylen mit einer spez. Masse nahe 1 erwies sich als ungeeignet zur Schätzung des Chymusflusses durch das Duodenum von Kühen. In Abhängigkeit von der Partikelgröße, Partikeloberfläche und Stabilität der antistatischen Eigenschaft des Indikators kam es zu lokalen Anreicherungen des Indikators im Pansen und/oder zu ungleichmäßigen Verteilungen im Duodenalchymus, die zu erheblichen Schwankungen der Indikatorkonzentration im Duodenalchymus führten.

Dagegen führte die Schätzung der Verdaulichkeit der TS im Gesamttrakt von 4 Schafen mit TiO_2-haltigem Polystyrol (69,3–72,9 %, an 10 Tagen Kotstichproben à 100 g Frischmasse pro Tag, Berücksichtigung der Wiederfindungsraten des Indikators im Kot: 96–99 %) zu gleichen Werten wie bei einer 10-tägigen Totalsammlung des Kotes (69,2–72,2 %). Durch den im Kraftfutter enthaltenen, zweimal täglich gefütterten Indikator wurde die Verdaulichkeit der TS nicht verändert.

M. Brandt, Anke Schuldt, Päivi Mannerkorpi und T. Vearasilp, Universität Kiel, BRD/Chiangmai (Thailand)

Zur enzymatischen Stärkebestimmung im Darminhalt und Kot von Kühen mit hitzestabiler Amylase

Die komplexe Matrix im Darminhalt und Kot von Rindern sowie das Vorliegen teilverdauter neben unverdauter Stärke erforderten die Überprüfung und Modifikation von Vorschriften zur enzymatischen Stärkeanalyse.

Kriterium für die Optimierung waren die Glukoseausbeute und die Glukosewiederfindung, wobei Glukose über NADPH bestimmt wurde. Als Probenmaterial dienten Maisstärke und Kot sowie Ileal- und Duodenalinhalt von Kühen, die entweder stärkefreie oder maisstärkehaltige Rationen erhielten. Ilealinhalt erwies sich als schwierigste Matrix und wurde deshalb vorwiegend verwendet.

Zur Optimierung des Stärkeaufschlusses (Verflüssigung) mit thermostabiler Amylase (I. L. Batey, Starch, **34** (1982) S. 125) wurden die Enzymmenge, die Inkubationsdauer und der pH-Wert der Pufferlösungen variiert. Der Aufschluß mit thermostabiler Amylase führte zu einer 5 % höheren Glukoseausbeute als Autoklavieren (1 h, 95 °C, pH 5,8), die Kombination beider Methoden zu keiner Verbesserung. Die Inkubationsdauer der gelösten Stärke mit Amyloglukosidase (AGS) wies ein zeitliches Optimum auf, wobei (in Abhängigkeit von Temperatur, pH und AGS-Menge) nach 30-minütiger Inkubation verminderte Glukoseausbeuten auftraten (sterile Bedingungen).

Enteiweißen der Probenlösungen vor der AGS-Behandlung mit Carrez-Lösungen zeigte keinen Einfluß, während durch eine geringere Siebgröße beim Vermahlen (0,2 mm gegenüber 0,5 mm) die Glukoseausbeute im Ileal- und Duodenalchymus um 4–10 % gesteigert werden konnte. Bei der Glukosebestimmung war der lineare Meßbereich in Gegenwart von Kot und Darminhalt erheblich vermindert.

Verfahrenweise: Etwa 500 mg gefriergetrocknetes, gemahlenes Material (0,2 mm Sieb) werden mit 25 ml 0,3 M Natrium-Zitrat-Puffer (pH 5,8) und 1 ml Termamyl (60 L, Typ Lo-prot NOVO Industrials, DK-2880 Bagsvared, Denmark) in einem 100 ml Meßkolben 1 h bei 95 °C im Schüttelwasserbad gehalten. Von der auf ein definiertes Volumen eingestellten und gefilterten Probenlösung (Schleicher und Schüll Nr. 589) werden 100–200 µl (entsprechend 8–12 µg Glukose) in eine Küvette (1 cm Schichtdichte) pipettiert, mit 200 µl AGS-Lösung (100 mg Lyophilisat, Boehringer – Mannheim Nr. 208 496, in 100 ml 0,5 M Natrium-Azetat-Puffer, pH 4,6) 20 min bei 20 bis 25 °C inkubiert und die Glukosebestimmung in Anlehnung an das Testverfahren von Boehringer-Mannheim durchgeführt. Als Standard wird stärkehaltiger Ilealchymus verwendet.

ANGELA SCHRÖDER, M. BRANDT und K.-H. SÜDEKUM, Universität Kiel, BRD

Verdaulichkeit von N-Verbindungen im Pansen, Dünn- und Dickdarm von Milchkühen beim Einsatz von Rationen mit unterschiedlich behandelten Futterproteinen

Vier im Pansen, Duodenum und Ileum fistulierte Milchkühe erhielten Rationen, deren TS zu 45 % aus Heu, 38 % aus Lieschkolbenschrotsilage, 1 % aus Mineralstoffen und zu 16 % aus einem der folgenden Sojaextraktionsschrote (Handelsware) bestand:

- ungetoastet (ca. 49 % Rohprotein in der TS)
- handelsüblich getoastet (ca. 49 % Rohprotein in der TS)
- wärmebehandelt (ca. 48 % Rohprotein in der TS)
- formaldehydbehandelt (ca. 51 % Rohprotein in der TS)

Der Versuch wurde in einem 4×4 lateinischen Quadrat durchgeführt. Während der, jeweils sechstägigen Chymussammelperioden wurden aus dem Duodenum alle drei, aus dem Ileum alle sechs Stunden 600 bzw. 500 g Chymus entnommen. Der Kot wurde quantitativ erfaßt. Zur Schätzung des Chymusflusses durch den Verdauungstrakt wurde TiO_2 viermal täglich mit dem Futter verabreicht. Die mittleren täglichen TS-Aufnahmen (14,3–14,5 kg) und die Rohproteingehalte in der aufgenommenen TS (17,7–18,3 %) waren in allen vier Varianten ähnlich.

Die ungetoasteten, getoasteten und wärmebehandelten Varianten wiesen keine oder nur tendenzielle Unterschiede in den Stickstoffumsetzungen und -verdaulichkeiten auf (Tabelle 1). Bei der formaldehydbehandelten Variante war der Stickstofffluß aus den Mägen in den Dünndarm deutlich erhöht und überstieg die aufgenommene Stickstoffmenge um 22 %. Bezogen auf die im Gesamttrakt verdaute org. Substanz

Tabelle 1

Einfluß unterschiedlich behandelter Sojaextraktionsschrote auf die Verdaulichkeiten (%) von Stickstoff (N), Nicht-Ammoniak-Stickstoff (NAN) und org. Substanz (OS) in verschiedenen Abschnitten des Verdauungstraktes (Mittelwerte aus vier Kühen)

	ungetoastet	getoastet	wärme-behandelt	formaldehyd-behandelt
Mägen				
N	0,0	− 3,3	− 4,6	−21,7
	(± 8,6)	(± 4,3)	(± 9,5)	(± 7,9)
OS	44,1	44,4	44,1	40,8
Dünndarm				
NAN	65,9	67,4	68,3	66,9
	(± 3,0)	(± 3,2)	(± 4,4)	(± 0,2)
Dickdarm				
NAN	10,1	6,0	7,0	10,0
	(± 4,6)	(± 5,0)	(± 4,7)	(± 7,5)
OS	15,0	15,1	10,0	13,7
Gesamttrakt				
N	69,0	67,9	69,3	63,0
OS	74,3	74,1	75,1	73,2

(kg) betrug die in den Dünndarm gelangende Menge an Nicht-Ammoniak-Stickstoff 38,3; 39,8; 40,5 bzw. 48 g für die ungetoastete, getoastete, wärme- bzw. formaldehydbehandelte Variante. Diese Werte deuten auf einen erheblich verminderten ruminalen Proteinabbau bei der formaldehydbehandelten Variante hin.

Während die Stickstoffverdaulichkeit im Gesamttrakt bei der formaldehydbehandelten Variante geringer als bei den übrigen Varianten war, ließen sich für die Verdaulichkeiten des Nicht-Ammoniak-Stickstoffs im Dünn- bzw. Dickdarm keine Unterschiede nachweisen.

O. Simon, Humboldt-Universität Berlin, DDR

Untersuchungen zum Harnstoffumsatz im Dickdarm von Wiederkäuern

Die Untersuchungen wurden an Bullen und Schafen, die mit Ileo-Zäkal-Fisteln versehen waren, durchgeführt. Die pelletierten Rationen bestanden aus 70–72 % Stroh, 10–12 % Zuckerrübenschnitzel, 10 % Getreide, 3 % Ammoniumhydrogenkarbonat, 2 % Harnstoff und 2,5 % Mineralstoffmischung. In einer Vorperiode wurde Ileumdigesta vorgesammelt. In der Hauptperiode wurde den Bullen ^{15}N-Harnstoff i. v. 24 h lang infundiert und den Schafen ^{15}N- und ^{14}C-Harnstoff intrazäkal verabreicht. Gleichzeitig wurde jeweils in einer Versuchsserie die Ileumdigesta durch unmarkierte Digesta ausgetauscht und in einer weiteren Versuchsserie wurde die unmarkierte Digesta mit teilhydrolysiertem Strohmehl (10 % der TS-Aufnahme) supplementiert.

Die Analyse der Isotopenkonzentration in Fraktionen von Kot, Ileumdigesta, Blut und Atemluft ($^{14}CO_2$) führte zu folgenden Ergebnissen:

- Der direkte Harnstoffeinstrom in den Dickdarm wurde nachgewiesen.
- Die von endogenem Harnstoff stammende und von Dickdarmbakterien verwertete N-Menge betrug weniger als 1 % des Harnstoff-N-Fluxes.
- Die mikrobielle Verwertung von endogenem Harnstoff-N im Dickdarm wurde durch zusätzliche Versorgung des Zäkums mit gut fermentierbarem Material auf das 3- bis 4-fache erhöht.
- In den Dickdarm gelangender Harnstoff wurde nahezu vollständig abgebaut.
- Ins Zäkum verabreichter Harnstoff-N wurde zu 9 % mikrobiell verwertet. Bei Zulage des Strohmehls erhöhte sich der verwertete Harnstoff-N auf 15 %.

Ingrid Mauritz-Boeck, M. Brandt, Angelika Schlüter und K. Rohr – Kiel/Braunschweig, BRD

Untersuchung zur Eignung von Pyrimidinen für die Schätzung des mikrobiellen Stickstoffs im Dünndarm von Kühen

Es wurde die Eignung der Pyrimidinbasen Zytosin und Urazil als Marker zur Schätzung des mikrobiellen Stickstoffanteils in Duodenalinhaltsproben von Kühen geprüft.

Die Untersuchungen wurden an sechzehn, von vier darmfistulierten Kühen stammenden Duodenalinhaltsproben und daraus abzentrifugierten Referenzbakterien durchgeführt. Für alle Proben lagen Schätzwerte des mikrobiellen Stickstoffanteils, ermittelt mit den Markern ^{15}N und 2,6-Diaminopimelinsäure (DAP), vor. Die Pyrimidinbasen lassen sich aus den Duodenalinhalten und deren Referenzbakterien durch Perchlorsäurehydrolyse quantitativ freisetzen: Etwa 200 mg Duodenal-TS werden mit 4 ml, ca. 50 mg Bakterien-TS mit 2 ml 70-proz. Perchlorsäure 2 h im verschlossenen 18 ml Reagenzglas bei 95 °C auf dem Wasserbad gehalten, abgekühlt, mit Wasser auf 100 ml aufgefüllt und filtriert. Zur quantitativen Bestimmung der Basen stand ein Hochdruckflüssigkeitschromatographiesystem (Waters/Millipore) zur Verfügung. Die Trennung erfolgte auf einer Radial-Pak-C_{18}-Säule mit 0.1 M Kaliumdihydrogenphosphatpuffer pH 2.8 (f=3) als Elutionsmittel unter isokratischen Bedingungen.

Eine Bestimmung der Wiederfindungsrate im Perchlorsäureaufschluuß lieferte für Zytosin 98 % und für Urazil 100 % des erwarteten Wertes.

Aus Tabelle 1 lassen sich die mit den verschiedenen Markern bestimmten Anteile des Mikroben-N am Nichtammoniak-N (NAN) entnehmen

Tab. 1: Anteile des Mikroben-N am Nichtammoniak-N (NAN)

	Marker ^{15}N	DAP	Zytosin	Urazil
Mikroben-N am NAN %	70,3	60,5	57,8	61,4

Die Berechnung des mikrobiellen Anteils erfolgte mit dem Quotienten

$$\frac{\text{Pyrimidin-N im NAN}}{\text{Pyrimidin-N im Bakterien-N}}$$

Die Marker Zytosin und Urazil liefern gegenüber der Methode der ^{15}N-Markierung niedrigere Werte, die wahrscheinlich auf einer nicht vollständigen Erfassung des Protozoen-N und einer schon teilweise erfolgten Resorption der pyrimidinhaltigen Verbindungen im ersten Teil des Duodenums vor der Duodenalfistel beruhen.

Ferner ist nicht geklärt, ob die aus dem Duodenalinhalt abzentrifugierten Referenzbakterien repräsentativ hinsichtlich ihres Gehaltes an Pyrimidin-N sind.

Der Anteil des Zytosin-N bzw. Urazil-N am Bakterien-N beträgt 3,017 ± 0,266 % bzw. 0,979 ± 0,137 %.

Ulrike Schönhusen und J. Voigt, Forschungszentrum für Tierproduktion Dummerstorf-Rostock, DDR

Untersuchungen zur Nutzung von Ribonukleinsäure (RNS) als Marker für die Bestimmung des Mikrobenstickstoffs im Duodenalinhalt

Die Bestimmung von RNS in Duodenaldigesta und Mikrobenmasse erfolgte nach der Extraktion mit heißer NaCl-Lösung, Fällung mit Phosphorwolframsäure und alkalischer Hydrolyse kolorimetrisch mit Orzinol.

Digestainhalt zugesetzte RNS wurde zu 96 ± 1 % wiedergefunden ($\bar{y} \pm s$, $n = 6$). Der Variationskoeffizient betrug 1,2 %. Das Verhältnis von RNS-N : N belief sich in den Bakterienmassen auf 107,7 ± 10,3 mg RNS-N/g N, in den Protozoenmassen auf 103,4 ± ± 13,7 mg RNS-N/g N.

Das Eingefrieren (−18 °C), Auftauen und Gefriertrocknen von Bakterienmassen und Duodenaldigesta führte zu keiner Veränderung des RNS-Gehaltes bzw. des RNS-N : N-Verhältnisses. Wird Pansensaft jedoch vor der Isolierung der Bakterien in gefrorenem Zustand gelagert, so vermindert sich in der TS der Bakterienmasse der N-Gehalt um 17 % und der RNS-Gehalt um 29 % ($\alpha = 0{,}05$).

Es wird gefolgert, die Isolierung der Bakterien unmittelbar nach der Pansensaftentnahme vorzunehmen. Isolierte Bakterien können vor der RNS-Bestimmung bei −18 °C gelagert und anschließend lyophilisiert werden.

R. Krawielitzki, J. Voigt, B. Piatkowski, Forschungszentrum für Tierproduktion Dummerstorf-Rostock, DDR

Der Einfluß unterschiedlicher Bedingungen der differenzierten Zentrifugation zur Isolierung der Bakterienfraktion aus Pansenflüssigkeit auf das Verhältnis Gesamt-N : DAP in der Bakterienmasse

Bei 3 Kühen, die eine Silageration erhielten, wurde aus der Pansenflüssigkeit nach differenzierter Zentrifugation zur Abtrennung von Futterpartikeln und Protozoen (Restfraktion) das Bakterienisolat gewonnen. Die Zentrifugationsbedingungen wurden von 100 × g (5 min) bis 2000 × g (10 min) variiert. Die Gewinnung der Bakterienmasse erfolgte anschließend bei 20000 g. In den Fraktionen wurden der Gehalt an Gesamt-N und an 2.6-Diaminopimelinsäure (DAP) bestimmt. Das Verhältnis Gesamt-N : DAP in der Bakterienmasse betrug 29,5 ± 1,6 ($\bar{y} \pm s$, $n = 12$), wobei die höchsten Werte bei 100 × g (5 min) gefunden wurden. Wesentliche Differenzen traten weder zwischen den Behandlungsvarianten noch zwischen den Tieren auf. Bei 100 × g (5 min) gelangten die höchsten DAP-Mengen in die Bakterienfraktion. Die Kontamination der Restfraktion mit DAP war unter diesen Bedingungen deutlich geringer als bei den anderen Zentrifugationsvarianten. Aus den Ergebnissen wird abgeleitet, daß die Abtrennung der Restfraktion bei 100 × g (5 min) erfolgen sollte. Weitere Untersuchungen zeigten, daß die Lagerung von Pansensaft bei −18 °C den N- und DAP-Gehalt in der Bakterienmasse vermindert.

J. Voigt und B. Piatkowski, Forschungszentrum für Tierproduktion Dummerstorf-Rostock, DDR

Untersuchungen zur Proteinbewertung der Futtermittel beim Wiederkäuer

Aus den mittels Polyamid-Beuteltechnik gefundenen engen Beziehungen zwischen TS- und Rohprotein(RP)-Abbau im Pansen der Milchkuh ($r = 0{,}73 \ldots 1{,}0$) ergeben sich neue Erkenntnisse für die Proteinbewertung beim Wiederkäuer. Der Regressionskoeffizient b_1 (RP-Abbau als Regressor) betrug bei den 15 untersuchten Futtermitteln im Mittel 0,87. Da die mikrobielle Proteinsynthese im Pansen eine Funktion der fermentierbaren TS ist, besteht somit ein negativer Zusammenhang zwischen der Menge an Durchflußfutterprotein (DFP) und Mikrobenprotein am Duodenum. Modellrechnungen zeigen, daß die Höhe des RP-Abbaus im Pansen bei Futtermitteln mit weniger als 20 % RP in der TS für die duodenale RP-Versorgung bedeutungslos ist. Die partielle Berechnung des duodenalen RP (RP_D) aus DFP und Mikrobenprotein mittels konstanter Faktoren für die rumenale Stofftransformation führt zu systematischen Fehlern. In-vivo-Untersuchungen (Vergleich von Weizen und Mais) erhärten diese Schlußfolgerung. Aus einer Fehlerbetrachtung geht hervor, daß die Bestimmung des DFP-Anteils am Rohprotein in vivo mit einer erforderlichen Genauigkeit von mindestens 10 % (abs.) infolge des hohen tierexperimentellen Aufwands auf Grenzen stößt. Nach Untersuchungen an 27 Kühen (153 Einzeltiermessungen) läßt sich die duodenale RP-Versorgung (ohne endogene Anteile und NH_3) unabhängig von den eingesetzten Futtermitteln (mit Ausnahme behandelter Futtermittel mit über 20 % RP) aus der TS- und RP-Aufnahme nach

$$RP_D = \left[0{,}28 + \frac{92{,}5}{\text{g RP/kg TS}}\right] \times \text{RP-Aufnahme}$$

ausreichend sicher schätzen. Diese Beziehung berücksichtigt die Dynamik des N-Umsatzes (rumenohepatischer Kreislauf) und unterstreicht die Bedeutung der Futteraufnahme für die Proteinversorgung.
Zur Rationsbilanzierung ist der RP_D-Bedarf zu ermitteln. Für eine Milchkuh mit einer konstanten LM von 550 kg kann dieser wie folgt berechnet werden:

$$RP_D\text{-Bedarf (g/d)} = 215 + 85 \times \text{kg Milch (3,4 \% Protein).}$$

Fütterungsversuche zeigen, daß für Milchleistungen von 30 kg (4 % Fett) Rationen mit 14,5 % RP in der TS bedarfsdeckend sind. Zur ausreichenden N-Versorgung der Pansenmikroben sollten in der TS der Ration mindestens 13 % RP enthalten sein.

GABEL, Wilhelm-Pieck-Universität Rostock, DDR

Zur Berücksichtigung der Nutzung von endogenen Rohproteinäquivalenten bei der Bilanzierung der Proteinversorgung der Wiederkäuer

Nach einer detaillierten Analyse verschiedener neuer Proteinbewertungssysteme für Wiederkäuer variiert die notwendige Rohproteinkonzentration in der Ration für definierte Leistungen beträchtlich (GABEL 1983, WALDO u. GLENN 1984). Die Ursachen dafür sind sehr vielschichtig. Als eine mögliche Ursache wird die Berücksichtigung oder Nichtberücksichtigung endogener RP-Äquivalente in diesen Systemen diskutiert. Der physiologische Vorgang der Rezyklierung von endogenen RP-Äquivalenten in den Pansen ist unbestritten (VARAY 1975, BOĎA 1980). Während in den Bilanzierungsvorschlägen von BURROUGHS u. a. (1975), CHALUPA (1975, 1980), KAUFMANN (1977, 1979), JARRIGE u. a. (1978), ROY u. a. (1977), LANDIS (1979) DANFAER (1979), FOX u. a. (1982), GABEL (1983) und ARC (1984) keine bilanzseitige Nutzung von endogenen RP.

Äquivalenten vorgesehen ist, wird in den Vorschlägen von SATTER u. ROFFLER (1975), SATTER (1982), ROHR (1984) sowie PIATKOWSKI u. VOIGT (1985) bei geringen Leistungen der Tiere die Nutzung endogener RP-Quellen bilanzwirksam gemacht.

Geht man von der These aus, daß der mikrobielle RP-Bedarf gleich dem mikrobiellen RP-Ertrag am Duodenum ist und die Menge des mikrobiellen RP am Duodenum aus der verd. org. Substanz der Ration kalkuliert werden kann, dann wird deutlich, daß der mikrobielle RP-Bedarf in Abhängigkeit von der verd. org. Substanz je kg TS variiert (Tabelle 1).

Tabelle 1

RP-Konzentration zur Sicherstellung des mikrobiellen RP-Bedarfes in Abhängigkeit vom Gehalt verd. org. Substanz und der Abbaurate des Rohprotens (g/kg TS)

verd. org. S. g/kg TS	Abbaurate des Rohproteins 0,6	0,7	0,8	0,9	1,0
600	150	130	110	100	90
650	165	140	120	110	100
700	175	150	130	120	105
750	185	160	140	125	110

(Bakterieller RP-Ertrag = 150 g/kg verd. org. Substanz)

Ohne eine Nutzung endogener RP-Äquivalente variiert die RP-Konzentration in der TS zur Deckung des mikrobiellen Bedarfes stark.

Bei einer Variation des Bakterienrohproteins je kg verd. org. Substanz in Abhängigkeit von der Verdaulichkeit der org. Substanz ist die Differenzierung des mikrobiellen RP-Bedarfes noch größer.

Angaben über die endogene Kapazität von RP-Äquivalenten sind in der Literatur nur in geringem Umfang vorhanden und meist nur aus relativ kurzfristigen Experimenten abgeleitet worden (Tabelle 2).

Tabelle 2

Beeinflussung des mikrobiellen RP-Ertrages durch die Nutzung endogener RP-Äquivalente

Autor	RP-Äquivalente	Beeinflussung des mikrobiellen RP-Ertrages
SATTER u. ROFFLER (1975)	12–15 g/kg TS	keine
VERITE u. a. (1979)	20–35 g/kg TS	keine
GABEL (1983)	29–38 g/kg TS	Reduzierung
ROHR (1984)	18–20 g/kg TS	keine
HVELPLUND u. MADSEN (1985)	45 g/kg TS	keine

Die bilanzseitige Nutzung von endogenen RP-Äquivalenten ist in langfristigen Versuchen zu prüfen, in denen neben der N-Bilanz am Pansen die Gesamt-N-Bilanz bei unterschiedlichen Leistungen zu ermitteln ist.

Literatur:

ARC: The nutrien requirement of ruminant livestock. Supp. no. 1, ARC 45 pp. (1984)
BOĎA, K.: Arch. Tierernähr. 30, 155, (1980)
BURROUGHS, W., D. K. NELSON and D. R. MERTENS: J. Dairy Sci. 41, 933 (1975)
CHALUPA, W.: In: Tracer studies on non-protein nitrogen for ruminants. Nr. 2, IAEA Vienna 175 (1975)
CHALUPA, W.: Feedstuffs 52, (26), 18, (1980)
DANFAER, A.: In: Protein utilization in farm animals. Vol. 1. Internordic licentiat/doctorand course Tune. Inst. Animal Sci. The Royal Vet. Agric Univ. Copenhagen (1979)
FOX, D. G., C. J. SNIFFEN and P. J. SOEST: In: Protein requirements for cattle: Syp Oklahoma State Univ. MP-109 (1982)
GABEL, M.: Untersuchungen zum Protein- und Aminosäurenumsatz im Verdauungstrakt bei wachsenden männlichen Jungrindern – ein Beitrag für eine effektive Proteinversorgung in der Jungrindermast. Diss. (Prom. B) Wilhelm-Pieck-Univ. Rostock (1983)
HVELPLUND, T. u. J. MADSEN: Acta Agric Scand. im Druck
JARRIGE, R., M. JOURNET and R. VERITE: Azote. In: INRA Alimentation des Ruminants. INRA Publications. Versailles p. 89, (1978)
KAUFMANN, W.: Proc. 2nd Int. Symp. Protein Metabolism and Nutrition. EAAP Publ. 22, 130, (1977)
KAUFMANN, W.: Z. Tierphysiologie, Tierernähr. Futtermittelkunde 42, 326, (1979)
LANDIS, J.: Schweiz. Landw. Monatshefte 57, 381, (1979)
PIATKOWSKI, B. and J. VOIGT: Arch. Tierernähr. 36, 222 (1986)
ROY, J. H. B., C. BALCH, E. L. MILLER, E. R. ØRSKOV and R. H. SMITH: Proc. 2nd Int. Symp. Protein Metabolism and Nutrition. EAAP Publ. 22, 126, (1977)
SATTER, L. D. and R. E. ROFFLER: J. Dairy Sci. 58, 1219, (1975)
SATTER, L. D.: In: Protein requirements for cattle: Symposium Oklahoma State Univ. MP-109, (1982)
VARADY, J.: In: Wiss. Arbeiten des Inst. für Tierphysiologie Veda, Bratislava (1975)
VERITE, R., M. JOURNET and R. JARRIGE: Livest. Prod. Sci. 6, 349, (1979)
WALDO, D. R. and B. P. GLENN: J. DAIRY Sci. 67, 1115, (1984)

O. STEINHÖFEL, Karl-Marx-Universität Leipzig, DDR

Untersuchungen zum ruminalen N-Umsatz von Kälbern beim Einsatz soja- bzw. harnstoffhaltiger Rationen mit verschiedenem Energieniveau

Die wesentlichsten Einflußfaktoren auf den ruminalen N-Umsatz und die Menge Nicht-Ammoniak-Stickstoff (NAN) am Duodenum, als potentielle Proteinquelle für Wiederkäuer, sind die nativen Mengen im Pansen fermentierbaren Rohproteins und energetisch nutzbarer organischer Substanz.

In einem Modellversuch an Kälbern (9 Wochen nach dem Absetzen von der Milchtränke; ca. 130 Lebenstage und 120 kg Lebendmasse) mit Duodenalbrückenfisteln wurden energetisch differente Rationen, in denen ca. 45 % des Stickstoffs der Ration Soja- bzw. Harnstoffstickstoff waren, bezüglich ihres Einflusses auf den täglich duodenalen NAN-Mengenfluß im Verlauf von 96 h geprüft. Die Differenzierung des Energieniveaus (545 bzw. 600 EFr je kg Trockensubstanz (TS); 69,2 bzw. 74,5 % scheinbare Verdaulichkeit der organischen Substanz) wurde durch alternative TS-Anteile Weizenstärke bzw. -stroh realisiert. Der höhere Anteil fermentierbaren Rohproteins in den Harnstoffvarianten wird durch höhere NH_3-Gehalte 2,5 h nach der Futteraufnahme (zeitgleich gemessen an parallel aufgestallten am Pansen gefistelten Vergleichstieren) deutlich, wobei die Werte für die Sojavarianten vermutlich qualitätsbedingt sehr gering sind.

123 bzw. 120 % NAN des in den Sojavarianten bei niedrigem bzw. höherem Energieniveau und analog 109 bzw. 116 % NAN des in den Harnstoffvarianten aufgenommenen Stickstoffs verlassen die Mägen. Die in der Tendenz geringeren NAN-Mengen am Duodenum in den Harnstoffvarianten lassen, wenn gleiche endogene Stickstoffmengen angenommen werden, auf eine durch den hohen NH_3-Spiegel bedingte temporäre Beschränkung der Synthesekapazität der Pansenmikroben schließen, wobei der überschüssige NH_3 durch die Pansenwand resorbiert ist (Tab. 1).

Tabelle 1

Ergebnisse zum N-Umsatz bei unterschiedlichem Energieniveau

Hauptproteinquelle Energieniveau	I Soja niedrig	II Soja hoch	III Harnstoff niedrig	IV Harnstoff hoch
TS-Aufnahme (kg/Tier/Tag)	2,7	3,1	2,9	3,1
%Rohprotein in der TS	15,9	15,7	15,8	15,7
%scheinbare Verdaulichkeit der org. S.	69,0	74,7	69,5	74,0
davon in den Mägen %	50,7	48,4	52,1	56,1
N-Aufnahme (g/Tier/Tag)	68,0	77,8	73,7	77,3
NH_3 mg/ml Pansensaft 2,5 h nach der Fütterung	3,57	3,40	34,08	21,76
NAN am Duodenum (g/Tier/Tag)	83,7	93,7	80,6	89,7
je 100 g s. v. org. S.	49,8	44,6	44,2	42,8
je 100 g aufgenommene org. S.	34,1	33,3	29,9	31,6
je 100 g s. f. org. S.	98,1	92,0	84,8	76,4

Durch die Erhöhung des Energieniveaus kann die Harnstoffverwertung gesteigert werden.

Der hohe Anteil Bakterienprotein am NAN von Wiederkäuern bedingt eine hohe Korrelation des NAN am Duodenum zur Aufnahme an scheinbar verdaulicher organischer Substanz (s. v. org. S.) (GABEL und POPPE, 1985), an organischer Substanz (org. S.) und zur in den Vormägen scheinbar fermentierten organischen Substanz (s. f. org. S.). Während für die vorliegenden Ergebnisse der Bezug zur aufgenommenen org. S. und der s. v. org. S. keine größeren Unterschiede deutlich macht, werden durch den Bezug des NAN am Duodenum zur in den Vormägen s. f. org. S. Differenzen zwischen den Varianten deutlich. Mit steigendem Energieniveau sinkt die Energieverwertung für die mikrobielle Proteinsynthese.

Die geringere Effizienz für den NAN-Fluß am Duodenum für die Harnstoffvarianten sind einerseits durch den geringeren absoluten NAN-Fluß und andererseits durch die höhere Verdauung der org. S. in den Vormägen verursacht, was den Ergebnissen von HUME (1970) und JACOBS und LEIBHOLZ (1977) entspricht, die in Rationen mit hohem Harnstoffgehalt eine verbesserte scheinbare Verdaulichkeit der org. S. in den Vormägen gegenüber Rationen mit geringerem Anteil Harnstoff nachweisen konnten.

Literatur:

GABEL, M. und POPPE, S.: Arch. Tierernähr. 35, 747 (1985)
HUME, I. D.: AUST. J. agric. Res. **21**, 305 (1970)
JACOBS, G. J. L. and JANE LEIBHOLZ: J. agric. Sci. Camb. **89**, 699 (1977)

K.-H. SÜDEKUM, ANGELA SCHRÖDER, M. BRANDT und ARNHILD WOLTER,
Universität Kiel, BRD

Intraruminaler Abbau handelsüblich getoasteter Sojaextraktionsschrote

Bei neun handelsüblich getoasteten Sojaextraktionsschroten (SBM) wurde die Intensität des intraruminalen Protein- und Kohlenhydratabbaus mit der Polyesterbeuteltechnik geprüft. Die SBM unterschieden sich in der Herkunft (USA bzw. Brasilien). Der Rohproteingehalt in der TS variierte von 39 bis 56 %.

Die Untersuchungen wurden mit drei laktierenden Milchkühen durchgeführt, die eine Ration aus ca. 41 % Heu, 39 % Lieschkolbenschrotsilage, 19 % Sojaextraktionsschrot und 1 % Mineralstoffen erhielten. Die TS-Aufnahme je Tier und Tag betrug 14–16,5 kg. Als Schätzwerte für den Protein- bzw. Kohlenhydratabbau wurden die Stickstoffverluste bzw. die Verluste an stickstofffreier org. Substanz aus den Polyesterbeuteln nach 2-, 4-, 6-, 8-, 12- und 24-stündiger Inkubationsdauer im Pansen ermittelt.

Die Ergebnisse sind der Tabelle 1 (s. S. 465) zu entnehmen. Unterschiede in der Intensität des Proteinabbaus waren in den ersten Inkubationsstunden erheblich. Sie wurden mit zunehmender Inkubationsdauer geringer. Die SBM mit den höchsten Schalenanteilen wiesen tendenziell geringere Abbauraten auf. Das Verhältnis verfügbares Lysin */ Gesamtlysin in den SBM korrelierte mit dem intraruminalen Proteinabbau. Die Korrelation zwischen diesem Quotienten und dem Proteinabbau nach 8-stündiger Inkubationsdauer betrug $r = 0{,}75$ ($n = 7$).

Der Abbau der stickstofffreien org. Substanz verlief bis zum 12-Stunden-Wert intensiver als der Abbau der Proteinfraktion. Es konnte keine Beziehung zwischen den Stickstoffverlusten und den Verlusten an stickstofffreier org. Substanz festgestellt werden.

* Verbandsmethode

Tabelle 1

Intraruminale Verluste an Stickstoff (N) und stickstofffreier org. Substanz (N-fr. OS) aus Polyesterbeuteln (in % der Einwaage) von neun handelsüblich getoasteten Sojaextraktionsschroten (SBM 1 – SBM 9) in Abhängigkeit von der Inkubationsdauer im Pansen (h)

N	h	SBM 1	SBM 2	SBM 3	SBM 4	SBM 5	SBM 6	SBM 7	SBM 8	SBM 9
	2	29,4	18,7	26,4	23,5	18,1	20,6	18,2	22,0	22,8
	4	37,7	25,0	29,1	25,4	24,8	32,3	26,8	31,3	29,7
	6	45,0	32,0	37,3	33,8	30,2	37,7	33,5	41,1	36,5
	8	50,7	38,2	46,4	38,3	41,9	40.9	41,0	51,8	41,3
	12	63,9	55,4	54,3	52,2	60,9	61,1	60,1	66,6	61,5
	24	90,4	90,8	93,5	87,2	83,3	81,3	81,5	86,6	84,6
N-fr. OS	2	47	45	50	25	45	49	46	50	40
	4	53	55	57	30	46	47	47	57	44
	6	62	53	61	35	57	59	56	62	52
	8	70	65	73	43	65	70	61	73	58
	12	81	76	79	51	76	78	74	78	68

M. BRANDT und T. VEARASILP, Universität Kiel, BRD/Chiang Mai (Thailand)

Der Einfluß des Reifegrades von Silomais auf Ort und Ausmaß der Verdauung von Maisstärke bei Milchkühen

Kolben und Lieschen von Silomais gleicher Herkunft wurden bei drei verschiedenen Reifegraden entsprechend 23,6; 32,2 und 43,7 % TS im Sproß geerntet, mit einem Gartenschredder zerkleinert und einsiliert. Um eine möglichst weitgehende und einheitliche Zerkleinerung der Maiskörner zu gewährleisten, wurden die Silagen aus den beiden reiferen Varianten mit einem Fleischereicutter nachzerkleinert. Die drei Lieschkolbenschrotsilagen (LKS) wiesen einen TS-Gehalt von 26,7; 39,0 und 51,9 % auf und enthielten 27,5; 45,4 und 49,4 % Stärke in der TS.

Der Verdauungsversuch wurde im lateinischen Quadrat mit drei laktierenden Kühen, die im Pansen sowie am Anfang und Ende des Dünndarms fistuliert waren, durchgeführt, wobei die LKS-Varianten TS-äquivalent gegeneinander ausgetauscht wurden. Außer LKS enthielten die Rationen 39 % Heu und 19 % Sojaextraktionsschrot mit Mineralstoffen in der TS. TiO_2 wurde als Indikator zur Schätzung des Chymusflusses durch das Duodenum und Ileum eingesetzt und die Stärke enzymatisch bestimmt.

Mit fortschreitendem Reifegrad wurde die Stärkeverdauung zunehmend aus dem Pansen in den Dünn- und in den Dickdarm verlagert (Tabelle 1), wobei die Gesamtverdaulichkeit der Stärke nicht oder nur geringfügig beeinträchtigt war. Diese Verlagerung der Stärkeverdauung ging mit veränderten Stickstoffumsetzungen im Pansen und im Dickdarm einher.

Tabelle 1

Ort und Ausmaß der Verdauung von Stärke aus Lieschkolbenschrotsilagen hergestellt aus unterschiedlich reifem Silomais (Mittelwerte aus drei Kühen)

	Reifegrad (% TS im Sproß) 23,6	32,2	43,7
TS-Aufnahme (kg/Tag)	14,3	14,2	14,4
Stärke:			
Aufnahme (kg/Tag)	1,81	2,93	3,17
Verdaut (kg/Tag) und (Verdaulichkeit*, %) im			
Pansen	1,69 (93)	2,43 (83)	2,20 (70)
Dünndarm	0,11 (83)	0,38 (77)	0,74 (77)
Dickdarm	0,01 (45)	0,08 (72)	0,16 (69)
Gesamttrakt	1,80 (99)	2,89 (99)	3,09 (98)

* jeweils bezogen auf die in den Pansen, Dünn- und Dickdarm gelangende Stärkemenge

INHALT

СОДЕРЖАНИЕ

ARCHIVES OF ANIMAL NUTRITION
ARCHIV FÜR TIERERNÄHRUNG

VOLUME 37 MAY 1987 NUMBER 5

CONTENTS

Archives of Animal Nutrition is indexed in Currents Contents/Agriculture, Biology & Environmental Sciences, and abstracted in Nutrition Abstracts & Reviews and in Chemical Abstracts.

Bei Fragen zur Produktsicherheit wenden Sie sich bitte an:
If you have any questions regarding product safety,
please contact:

Walter de Gruyter GmbH
Genthiner Straße 13
10785 Berlin
productsafety@degruyterbrill.com